LUTIANKUANG GAOBIANPO
YANTI XIEHE DUANLIE YU POHUAI

露天矿高边坡岩体卸荷断裂与破坏

王建明◎著

化学工业出版社
·北京·

内容简介

本书系统阐述了露天矿岩体边坡卸荷失稳的基本理论、方法和应用。全书共6章，在介绍露天矿岩体边坡卸荷破坏研究发展现状的基础上，基于应力叠加原理，推导了卸荷条件下边坡岩体内部和端部裂隙尖端应力强度因子表达式；借助真三轴力学伺服试验系统，分析了含裂隙试样的裂隙扩展演化特征和贯通破坏模式；利用断裂力学理论，构建了边坡岩体裂隙扩展贯通力学模型，阐明了边坡岩体断裂破坏机理，提出了边坡失稳判据；通过PFC数值模拟，探讨了不同开采水平下坡体位移场和裂隙发展的时空演化规律以及边坡的破坏模式；最后以底摩擦模型试验为研究手段，得出了不同高度边坡在卸荷过程中破坏特征与破坏模式。

本书可供采矿工程和岩土工程领域的科研工作者及设计、施工人员参考，也可作为高等院校采矿工程和岩土工程专业师生的参考书。

图书在版编目（CIP）数据

露天矿高边坡岩体卸荷断裂与破坏 / 王建明著.
北京：化学工业出版社，2025. 10. -- ISBN 978-7-122-48890-9

Ⅰ. TD804

中国国家版本馆CIP数据核字第2025JD8576号

责任编辑：金林茹　　装帧设计：王晓宇
责任校对：宋　玮

出版发行：化学工业出版社（北京市东城区青年湖南街13号　邮政编码100011）
印　　装：北京科印技术咨询服务有限公司数码印刷分部
710mm×1000mm　1/16　印张10¼　字数168千字
2025年11月北京第1版第1次印刷

购书咨询：010-64518888　　售后服务：010-64518899
网　　址：http://www.cip.com.cn
凡购买本书，如有缺损质量问题，本社销售中心负责调换。

定　　价：79.00元

前言
PREFACE

我国是全球最大的铁矿石消费国和进口国，铁矿石对外依存度长期保持在80%左右，资源安全形势严峻。为保障国家资源供给安全，近年来国内铁矿资源开采规模不断扩大，其中露天开采占比高达80%。然而，随着露天矿开采深度不断增加，高边坡乃至超高边坡的稳定性问题日益突出。深部开采过程中的强卸荷作用导致岩体质量劣化、次生应力场频繁调整、节理裂隙扩展加剧，进而引发边坡局部或整体失稳，严重威胁矿山安全生产。因此，深入研究露天矿高边坡岩体卸荷断裂机理与破坏模式，对于保障矿山安全高效开采、推动矿业可持续发展具有重要意义。

本书围绕露天矿高边坡岩体卸荷断裂问题，综合运用现场实测、理论分析、室内试验、数值模拟和模型试验等多种研究手段，系统探究了卸荷条件下边坡岩体的裂隙扩展规律、破坏模式及失稳判据。研究成果不仅丰富了岩土工程领域的边坡稳定性理论，也为露天矿高边坡设计与灾害防控提供了科学依据。

本书的主要内容包括：基于应力叠加原理，推导了卸荷条件下边坡岩体内部和端部裂隙尖端应力强度因子的表达式，揭示了裂隙扩展的力学机制。利用真三轴力学伺服试验系统，研究了含裂隙试样的裂隙扩展演化特征和贯通破坏模式，验证了理论模型的准确性。通过PFC数值模拟，分析了不同开采水平下坡体位移场和裂隙发展的时空演化规律，阐明了开挖卸荷对边坡稳定性的影响。基于底摩擦模型试验，探讨了不同高度边坡在卸荷过程中的破坏特征与破坏模式，揭示了边坡失稳破坏机制。结合断裂力学理论，构建了边坡岩体裂隙扩展贯通力学模型，提出了边坡稳定性系数计算方法，为工程实践提供了理论支撑。

本书的特色在于：

① 多学科交叉：融合断裂力学、岩土工程、数值计算和试验技术，系统研究边坡卸荷破坏机理。

② 理论与试验结合：通过理论推导、数值模拟和物理试验相互验证，确保结论的科学性和可靠性。

③ 工程导向：研究成果直接服务于露天矿高边坡稳定性分析与灾害防控，具有较强的实践价值。

本书的完成得益于陈忠辉教授的指导与支持，在此向他表示诚挚的感谢。同时，感谢研究团队成员的辛勤付出，以及相关科研项目的资助。

由于笔者水平有限，书中难免存在疏漏或不足之处，恳请广大读者和同行专家批评指正，以便在今后的研究中进一步完善。

山西工程科技职业大学

王建明

目录

CONTENTS

第1章 绪论

近 20 年来，我国经济发展取得了重大成绩，矿产资源的充足供应是保障国家经济快速发展的最根本条件。依据国家统计局相关数据，2004—2024 年间，煤炭消费量从 21.22 亿吨增长到 49 亿吨，石油消费量从 3.2 亿吨增长到 7.5 亿吨，天然气消费量从 0.32 亿吨增长到 4.9 亿吨。未来 10～20 年，随着国家基础设施和城市建设的快速推进与发展，矿产资源的需求将进一步呈现刚性上升态势[1]，这会导致我国在矿产资源方面出现不同程度的短缺。资源短缺不仅制约我国经济发展速度，而且对国防安全产生影响，解决资源短缺难题已然上升为国家战略问题。解决这一难题的最佳途径为进一步加大矿产资源的开采规模。

在矿产资源的开采模式中，露天开采具有建设速度快、生产规模大、开采成本低、生产效率高和资源回收率高等优点，在固体矿床开采中占有重要的地位[2]。例如，露天开采的铁矿石产量在我国占比为 80%，在加拿大占比为 96%，在美国占比为 94%；露天开采的煤炭产量在我国占比为 15%，在俄罗斯占比为 60%，在澳大利亚占比为 61%，在美国占比为 60%。除此之外，我国 85%以上的铜矿、锰矿、铝土矿、褐铁矿和磷矿均来自露天开采，可见露天开采将会成为资源开采的主要方式。

露天矿边坡稳定性问题一直以来都是岩土工程领域的一项重要课题。随着露天开采延深，近几年超高边坡由 2%增加到 14%，高边坡和超高边坡成为未来露天矿边坡发展趋势。随着露天矿边坡增高加陡，影响安全稳定的因素增多，开采难度和滑坡概率越来越大，高陡边坡已成为露天开采最主要的灾害源之一。确保露天矿高边坡在开采过程中的安全稳定，已成为目前亟待解决的问题。因此，探究露天矿高边坡岩体断裂机理和破坏模式显得尤为重要和迫切。

露天矿边坡与铁路、公路、水电边坡最大的区别为其形成要历经数十年，是内外复杂因素叠加作用的一个漫长的动态变化过程。边坡岩体是一种含各种大小不一的节理裂隙以及大型断层等结构面的复杂介质，在漫长的矿山服务期内，爆破开挖、采矿卸荷等频繁的扰动，使边坡岩体内各点次生应力场不断调整变化，促使岩体内原生裂隙进一步扩展，导致岩体累积损伤加剧，进而引发边坡局部或整体失稳破坏，这对边坡现场采矿作业人员安全构成严重威胁，并造成巨大经济损失[3]。探究工程裂隙岩体在卸荷（也可称卸载）扰动下的断裂机理与失稳模式一直以来都是岩体力学的难点所在。因此，本书深入开展露天矿岩质高边坡岩体卸荷破坏机理与破坏模式研究，对推动我国未来的边坡治理技术发展、防治卸荷诱发高边坡的失稳破坏、保证矿山安全生产具有重要的理论与现实意义。

1.1 国内外发展现状

1.1.1 岩石卸荷断裂破坏发展

针对岩石卸荷断裂破坏的研究主要集中在两个方面，一是以不同形状完整岩石试样为对象展开研究，二是在岩石试样上制作不同几何形状的裂隙，研究其在卸荷条件下的裂隙扩展规律和试样力学特性，主要研究方法为室内力学试验和数值模拟，针对卸荷理论计算方面的研究较少。

(1) 完整岩石卸荷破坏研究

卸荷岩体力学最早由哈秋舲[4]提出并研究。赵光明等[5]对砂岩进行了真三轴单面卸荷试验，以模拟工程岩体单面开挖卸荷的渐进性破坏规律，进而得出高应力岩体在不同扰动荷载下的卸荷破坏特征和力学特性。马钰沛等[6]通过粉砂岩真三轴侧向试验，得出不同中间主应力系数对粉砂岩卸荷破坏、变形特征的影响规律。金爱兵、丛怡、马春驰等[7-9]通过离散元软件 PFC 很好地模拟了花岗岩卸荷条件下的力学特性，与物理试验结果接近，相比于需要通过大量物理试验来获取相关参数的工程研究，极大地节约了成本与时间。

卸荷速率大小对岩石力学特性具有明显的影响，黄润秋等[10] 通过室内三轴卸荷试验并结合 SEM 电镜扫描，从细观角度分析了卸荷速率对岩石试样内部损伤破裂的影响，同时分析得出了卸荷速率对不同卸荷变形阶段岩体变形模量的影响规律。邱士利[11] 等针对深埋大理岩的三轴卸荷试验，提出了新的卸荷描述变量——应变围压柔量，分析了卸围压速率对试样变形规律的影响以及岩石相关力学特性。郭喜峰、李夕兵、王春等[12-14] 详细地探讨了岩石试样在不同卸荷速率下的力学特性和破坏模式。藕明江等[15] 从分形理论角度出发，分析了不同卸荷速率下岩样碎屑的分形特征。Xu 等[16] 分析了初始应力、卸载速率对锦屏大理岩的承载能力和变形破坏特征的影响。Liu 等[17] 利用有限元-离散元结合的建模方法（FDEM），讨论了单元尺寸、加卸载速率和卸载方式对围岩开裂过程的影响，提出了一种根据裂纹扩展曲线确定卸载速率的新方法。Duan 等[18] 通过物理试验和离散元模拟研究了武吉提马花岗岩的变形特征、破坏模式和应变能演化规律。Li 等[19] 分析了模型参数和围压卸载速率对试样蠕变行为的影响。

声发射（AE）可用来监测试件破裂过程中的内部损伤，其定位技术被广泛应用于岩石力学领域。孙雪等[20] 以甘肃北山花岗岩为研究对象，分析了岩体弹性模量、泊松比和 AE 等参数在不同卸荷路径下的变化规律。刘小莲等[21] 利用 AE 试验得到了花岗岩卸荷破坏全过程的 AE 特征，并进一步探讨了 AE 数和 AE 率与应力和时间的关系。丛宇等[22] 结合分形维数原理，探讨了大理岩不同加、卸荷应力路径下的声发射破坏前兆变化规律。He 和 Huang 等[23-24] 利用 AE 技术得到了试样在卸荷破坏过程中内部损伤破坏特征。Du 和 Li 等[25-26] 通过对不同岩石试样卸荷破坏过程中的 AE 数据采集，利用 AE 定位技术准确揭示了岩石破坏机理。

许多学者从能量角度出发，研究了岩样不同卸荷路径下能量演化规律。杨以荣和朱泽奇等[27-28] 以云母片岩和花岗岩为研究对象，研究了卸荷条件下岩样能量与岩样变形、围压之间的关系。马德鹏等[29] 以煤样为研究对象，探究了不同卸荷速率下煤样的能量演化规律。高速等[30] 通过大理岩峰前、峰后卸围压破坏试验，得出试样在各个破坏阶段的能量演化规律。曾韦等[31] 探讨了试样卸荷破坏过程中临界围压与吸收总能量和耗散能之间的关系。Zhao 等[32] 研究了岩样在卸荷破坏过程中应变能转换过程，并得到了轴向吸收应变能和耗散应变能、环向耗散应变能和弹性应变能的变化过程。张志镇等[33] 研究了不同围压大小与岩石弹性能和耗散能变化规律的关系，在此基础上，探讨了工程采动岩体的能量演化路径。Yang 等[34] 将开挖过程简化为半径随时间增大的过程，提出了一种基于围岩损伤演化机理的简化分析方法，Zhao 等[35] 探讨了声发射能量与卸荷速率的关系。

(2) 含裂隙岩石试样卸荷破坏研究

许多学者通过在试样上预制不同几何形状的裂隙，研究卸荷条件下试样裂隙扩展规律。王瑞红和郑青松等[36-37] 通过常规三轴卸荷和卸荷损伤后的岩体再加载的方式对预制断续节理岩体试样的应力-应变特征、强度、变形特征、破坏规律以及岩体力学性质进行了深入的探讨。陈国庆等[38] 针对含不同几何尺寸的中间锁固段类的岩桥试样，利用真三轴试验系统研究了两荷状态下岩桥试样的裂隙扩展模式和岩体力学性质。宋彦琦等[39] 通过双轴加卸荷试验分析了裂隙岩体的裂隙起裂、扩展及贯通模式。黄达等[40] 通过裂隙岩体物理模型试验，研究了两种卸荷应力路径下裂隙岩体的强度、变形及破坏特征，并探讨了裂隙的扩展演化过程和力学机制。李树忱等[41] 采用大尺度三维相似模型试验系统，研究了开挖卸荷作用下含多组一定倾角裂隙的岩石试样的变形破坏规律。王建明等[42] 通过双轴单面卸荷试验研究了含中部岩桥试样在不同卸荷速率下的裂隙扩展机制和破坏模式。

从能量角度出发对裂隙岩体卸荷的研究，研究方法与完整岩石相同，但是增加了关于裂隙几何形状的讨论。翟明磊和黄达等[43-44] 通过对含裂隙试样的法向卸荷试验，得出了试样裂隙的能量演化规律以及破坏特征。娄琛等[45] 通过在岩样中预制不同倾角裂隙，研究了不同裂隙倾角试样在卸荷过程中的能量演化规律。

关于裂隙岩体数值模拟方面的研究，大部分集中在加载力学方面。Zhou 等[46-47] 用数字成像和声发射技术研究了单轴荷载下脆性岩石中非等距裂隙的扩展和贯通过程。Yang 和 Huang 等[48-49] 研究了含有两个共面和两个非平行裂隙的砂岩试样在变形过程中的裂隙扩展行为。Cheng 等[50] 研究了含三种裂隙的岩石试件在变形过程中的裂隙扩展模式和破坏模式。Tang 等[51] 提出了一种模拟岩石渐进破坏的数值方法（RFPA）。Zhou 等[52] 提出了一种结合广义粒子动力学（GDP）的无网格数值模拟方法，并利用该方法模拟了含预制裂隙的岩石试件在单轴压缩下的裂纹萌生、扩展和贯通过程。卸荷方面的研究较少，王本鑫等[53] 采用 CT 扫描获得岩石卸围压破坏后内部裂隙分布图像，分析了花岗岩卸荷强度特性和三维裂隙演化规律。田文岭等[54] 通过颗粒流程序 PFC^{2D} 模拟了不同卸围压路径下砂岩裂隙扩展规律。邓青林等[55] 采用 ABAQUS 软件模拟了岩体内部裂隙在卸荷过程中的扩展行为。

(3) 卸荷理论研究

众多学者多次尝试从理论角度解析多裂隙的扩展演化机制和相互作用规律，并提出了许多有效的方法，但每种方法都有其局限性。对于多裂隙相互作用的分析和求解，应用最广泛的方法是奇异积分方程法[56]，但当裂隙间距任意变化时，计算会变得相当复杂。Huang 等[57] 对奇异积分方程法进行了简化，得到了裂隙相互作用的近似解。Horii 等[58] 基于伪牵引力方法分析了无限大板中多个裂隙之间的相互作用，但这种方法不能用于分析紧密分布的裂隙。Kachanov[59] 进一步分析了多裂隙的相互作用，提出了基于简化牵引力方法的裂纹尖端应力强度因子的表达式，但对于较大的裂隙间距，该方法计算误差较大。Li 等[60] 改进了 Kachanov 计算方法在分析密集裂隙相互作用时的准确性，并将改进后的方法应用于压剪裂隙的分析。Ching 等[61] 提出了一种研究无限大板中多裂隙相互作用的新方法，该方法综合了交替迭代法和经典 Kachanov 方法的优点。

以上均为加载情况下裂隙扩展理论方面的研究，卸荷岩体裂隙扩展理论方面研究鲜少。周子涵和 Wang 等[62-63] 基于叠加原理和 Kachanov 方法推导了一对平行偏置、共线裂隙在卸荷条件下的尖端应力强度因子，在此基础上，将应力强度因子比作为变量，分析了裂隙之间相互作用规律。陈国庆等[64] 基于应力叠加原理推导出真三轴单面卸荷条件下岩体内裂隙尖端应力强度因子，并通过试验验证理论计算结果的可靠性。

1.1.2 岩质边坡岩体卸荷断裂机理发展

探究岩质边坡卸荷断裂机理一直以来是边坡工程甚至岩石力学方面研究的一个难点，众多学者从不同角度进行了研究，借助现代化的监测手段和研究方法得到了一些应用价值较大的研究成果。肖世国等[65] 利用弹性力学中的楔形体理论推导了开挖坡体的应力场理论解，指出通过上一步开挖后的坡体应力场和本步开挖卸荷量来实现求解本步开挖后坡体应力场，这样就可以求解边坡坡体每开挖完一步后的应力场理论解，并通过一个工程案例详细说明了解析计算过程。汤平等[66] 利用断裂力学和弹塑性力学理论，解析了开挖卸荷引起裂隙扩展进而导致边坡滑坡的过程。冯学敏等[67] 在定性分析边坡卸荷松弛过程和机制的基础上，提出卸荷松弛的判别准则——岩石极限拉应变，并成功应用于工程现场。

肖玉辉等[68] 利用弹性力学理论分析了顺层高边坡开挖前后岩体力学状态，将开挖后坡体由坡面向里分为松弛变形、卸荷回弹变形及顺层滑移变形，进一步提出了边坡卸荷回弹变形的计算方法。杨建华等[69] 建立了波速与 H-B 准则中扰动因子 D 的关系，并重新定义了损伤因子的概念，得出了损伤因子和边坡开挖高度的关系。吴永等[70] 基于坡体实际结构，构建了边坡岩体开挖裂隙扩展贯通力的学模型，阐明了边坡岩体卸荷作用下的断裂破坏机理，提出了边坡失稳判据，并通过工程案例进行了验证。朱浩等[71] 得出了边坡失稳是因为开挖后岩体内裂隙切割形成的岩体呈临空状态，在岩体卸荷回弹变形作用下，裂隙逐渐开裂并贯通，最终导致边坡顺倾滑塌。

关于岩质边坡卸荷机理理论方面的研究成果很少，大部分通过数值模拟和相似模拟试验的方法来研究。基于有限元计算，常远等[72] 建立了扰动系数 D 与节理岩体损伤的关系，利用 $FLAC^{3D}$ 有限元软件的 Fish 语言实现了对大孤山铁矿开挖扰动对边坡岩体损伤破坏过程的模拟。周子涵等[73] 从能量角度出发，利用 $FLAC^{3D}$ 模拟了边坡在开挖过程中系统能量的变化规律，构建了边坡系统的能量耗散突变判别准则。孙书伟等[74] 将出现塑性破坏的区域定义为开挖松动区，利用 $FLAC^{3D}$ 对某顺层高边坡进行分级开挖模拟，并验证了对开挖松动区定义的合理性。吴锦亮等[75] 利用复合单元法实现了对边坡的开挖模拟。

Bao 等[76] 基于断裂力学和岩体结构统计理论，对卸载裂隙的累积张开位移与卸载应变之间的关系进行了理论分析，提出了一种根据卸载应变来量化卸荷带范围和破坏程度的新方法。Wang 等[77] 采用颗粒流程序 PFC^{2D} 建立了边坡数值模型，探讨了开挖卸荷路径和速率对边坡稳定性的影响，得到了开挖过程中裂隙和应变的发展情况。Chang 等[78] 建立了复合边坡在加卸载作用下裂纹扩展的力学模型，通过对加卸载应力场作用下的裂缝扩展机理分析，确定了当裂缝在坡面附近扩展时，复合边坡的极限高度随裂缝形态的变化而变化的解析关系。Jiang 等[79] 提出了一种新的位移时间序列预测模型，不仅能提高强卸载岩质边坡稳定性的预测精度，还能获得边坡位移的变化范围。

基于离散元计算方面，冷先伦等[80] 利用 $UDEC^{2D}$ 建立了地质概化模型和边坡施工开挖模型，得出了节理张开度、临界节理发展和变形等因素对反倾层状岩质高边坡稳定性的影响。段钊等[81]通过对大黄公路1号滑坡开挖前后离散元模拟对比，直观地再现了滑坡从形成到变形、破坏的全过程。李韬等[82]利用离散元软件UDEC建立了边坡开挖分析模型，得出了边坡失稳破坏主要是开挖导致岩体内节理与断层等结构面之间相互贯通所导致的。李新坡等[83]利用离散元软件PFC从细观角度模拟了岩质边坡的破坏过程。孟国涛等[84]通过3DEC建立了控制性结构面和陡倾节理组的节理岩体高边坡开挖模型，分析了边坡开挖前后的稳定性状况。

在边坡开挖模型试验方面，李明等[85]在土工离心机上设计了一种边坡开挖装置，模拟了边坡开挖过程中的破坏过程，得出了边坡破坏为从坡脚开始剪切带逐渐向上发展贯通坡顶。许强等[86]利用底摩擦试验研究了锦屏Ⅰ级水电站左岸工程边坡开挖破坏过程，得出边坡破坏模式为滑移-拉裂式。车新觉等[87]采用静力地质力学模型试验，研究了三峡高边坡在开挖过程中应力场和位移场变化规律。王创业等[88]采用物理模型试验研究露天矿边坡在开挖过程中的变形规律特点及破坏模式。习朝辉等[89]做了两组不同坡角的边坡开挖模型，得到多层软弱夹层顺层岩质边坡的破坏模式为从坡顶到坡脚，从坡面到坡里。唐红梅等[90]通过相似模型试验探讨了顺层岩质边坡开挖过程中坡体内位移场和应力场的变化规律。杨志全等[91]针对上陡下缓型高陡层状岩质边坡开展模型试验研究，结果表明，随着边坡开挖深度的增加，边坡整体呈现上部向下运动，下部受压向临空面方向隆起变形，且坡体会发育较多走向裂隙。

Zhu等[92]通过应变数据采集设备、红外热像仪、数字散斑等多种测量设备对边坡模型进行监测，得到了边坡开挖过程中位移场、应变场和温度场的变化规律，进一步将边坡破坏过程分为：初始压缩阶段、裂缝萌生阶段、裂缝扩展阶段和滑动面形成阶段。Lai等[93]通过声发射（AE）传感器、光学采集、探地雷达和近场摄影测量对试验模型进行了监测，探究了露天铁矿高陡边坡在开挖过程中岩体失稳机理，优化了开挖设计方案。Sun等[94]通过物理模型试验，研究了拱坝在施工期、蓄水期和结构面强度弱化阶段坝肩边坡的破坏机理。Akoochakian等[95]通过土工离心试验研究了边坡在开挖过程中的位移场变化规律。Fayou等[96]进行了地震荷载作用下的室内物理模型试验，分析了地震荷载作用下边坡的变形破坏规律，得出开挖加剧了边坡在地震荷载作用下的变形和破坏的结论。

目前关于岩质边坡卸荷断裂的理论研究，大多基于极限平衡理论和工程材料断裂力学，对将边坡的节理、裂隙、断层等结构面与其岩体宏观结构特征相结合，并分析其卸荷断裂理论的研究较少。

1.1.3 岩质边坡稳定性发展

露天矿边坡稳定性分析和滑坡机理紧密相关，露天矿边坡稳定性研究经历了由经验到理论，由定性到定量，由单一指标到综合评价的发展过程。边坡稳定性分析方法分为定性、定量、不确定及能量分析方法等[3]。

定性分析方法主要是在收集工程地质资料和考虑边坡稳定性多个影响因素的基础上，一般用地质历史分析法、工程地质类比法、图解分析法、计算定性分析法对边坡稳定性和发展趋势进行评估[97]。工程地质类比法包含自然历史分析法、类型比较法和因素类比法。计算定性分析法包含专家系统法、范例推理法和关系矩阵法。定性分析方法的优点为能够快速地对边坡的安全稳定状态及发展趋势作出判断，其缺点为经验性强，存在人为主观因素，导致评价结果带有较大的主观随意性。

定量分析方法主要有极限平衡法和数值分析法两种，极限平衡法主要是通过力学求解滑面上抗滑力与下滑力比值来判断边坡失稳与否，是最早定量评价边坡稳定性的一种分析方法。其优点为概念非常清晰，计算方便，容易理解与掌握，作为边坡稳定性分析的一种手段被广泛应用于学术界和工程界。极限平衡法主要包括 Fellenius 法、Bishop 法、Janbu 法、Morgenstern-Price 法、Spencer 法、Tayor 法、Sarma 法、不平衡推力法、楔形体法、传递系数法、分块极限平衡法、平面破坏计算法等[98-99]。数值计算法是随着计算机技术的飞速发展而发展起来的，一些大型岩土体仿真计算软件逐渐被广泛应用于边坡稳定性的研究中。主要有有限元法（FEM）、离散元法（DEM）、拉格朗日差分法（FLAC）、不连续变形分析法（DDA）以及流行元法（NMM）[100]。这些方法将复杂的数学理论借助计算机编程语言实现对计算模型整体及局部位移和应力可视化分析，进而定量评价边坡稳定状态，能够考虑到岩土体的不连续性和非均匀性，和极限平衡法中简化了的力学模型计算结果相比较，更加真实与准确。滑坡过程是一个从连续变形到非连续破坏乃至分离的过程，把有限元法等连续介质方法和离散单元法等不连续介质方法结合起来，是数值计算方法的发展趋势。

不确定性计算方法最早在 20 世纪 70 年代开始应用于边坡稳定性分析。随着科技的进步，人们逐渐认识到大量不确定性因素存在于边坡稳定性分析中，与此同时人工智能和可靠度等新理论方法也不断涌现出来。多方面因素的作用使一些不确定性边坡稳定性分析方法被广泛应用于岩土工程中。如：可靠性理论、模糊数学、概率论与统计、随机过程、耗散结构理论、灰色系统理论、协同学理论、信息论和突变理论等[101-109]。

近年来，众多学者对上述提及的边坡稳定性研究方法做了更加深入的研究。余国等[110] 结合滑动面正应力分布假定模型和 GIS（地理信息系统）的空间分析能力，建立了基于栅格单元的三维边坡极限平衡模型，提出了一种新的基于 GIS 的边坡安全系数计算方法。张海涛等[111] 从微观角度入手，在考虑抗滑带上微元受力状态的情况下，利用矢量和法的相关思想，提出了一种边坡安全系数求解的新方法，此方法无须对滑体进行宏观受力假设，计算参数的物理意义更加明确。邓东平等[112] 通过对滑动面的合理假设，同时考虑满足三维模型滑体的静力平衡条件推导了三维边坡安全系数的计算公式，其求解过程简单，且利用编程语言可实现在工程中的应用。王冬勇等[113] 针对传统有限元强度折减法计算时间过长、计算结果不够准确的问题，基于 Hellinger-Reissner 混合变分原理和有限元法，提出了一种二阶锥规划的新的边坡稳定性求解方法。王伟等[114] 针对边坡破坏过程中局部破坏现象，基于变软化模型，提出了一种考虑张拉-剪切渐进破坏的新的边坡稳定性求解方法。尹小涛等[115] 针对传统强度折减脱离实际材料劣化特征的问题，通过现代计算机编程实现了基于广义软化的边坡稳定矢量和法的理论构想，对边坡稳定性评价实现了局部与整体的辩证统一。

此外，一些学者基于能量原理对边坡稳定性的研究也有诸多进展。吕言新等[116] 基于波动理论和能量原理，针对单节理边坡，推导了边坡的自稳临界高度与应力波之间的关系，从能量角度定量地分析了边坡的安全与否。刘新荣等[117] 推导了基于能量原理的强度折减法计算理论，通过二次开发将其嵌入到 $FLAC^{3D}$ 计算程序中，并通过实例验证了其合理性。范刚等[118] 研究了利用能量方法判别边坡破坏模式，并将其应用于边坡模型试验中。周子涵等[119] 将能量与突变理论结合，推导了以系统总耗散能为状态变量的突变判据，并将其应用到边坡开挖数值模型计算中。温树杰等[120] 从滑裂面上的剪切势能出发，基于最小势能原理求得了滑裂面上的法向力和极限抗滑力，进而得出了三维边坡安全系数计算公式。张旭等[121] 推导了边坡系统失稳的能量判据，分析了边坡开挖过程中能量在时间和空间上的分布规律。张声辉等[122] 分析了爆破作用下边坡岩体内能量分布规律。文献［123-125］基于能量原理，探讨在不同外界荷载作用下边坡岩体内的能量响应规律，在此基础上，对边坡稳定性作出评价。

目前关于露天矿岩质边坡稳定性评价、滑坡机理研究，大多局限于一般高度的岩质边坡。而针对露天矿超高岩质边坡滑坡模式、机理和中低高度边坡异同的研究较少。

1.1.4 岩质边坡破坏模式发展

准确识别露天矿边坡变形破坏模式是对边坡稳定性分析研究的基础。通过对露天矿矿区地质岩性特征、构造、地层、水文地质条件进行分析来评价和确定露天矿边坡的破坏模式，可为后续边坡稳定性分析和边坡治理提供重要依据。

(1) 边坡破坏模式类型

Wyllie 和 Mah[126] 将岩体中边坡破坏模式分为四种：平面失稳、圆弧失稳、楔体失稳、倾倒失稳。

李长洪等[127] 通过对水铁厂矿区地质调查，将矿区边坡主要破坏模式分为：平面破坏、圆弧形破坏、楔形破坏、倾倒破坏、崩塌破坏。

邓社根等[128] 研究发现，开挖卸荷对某露天矿边坡变形破坏具有控制作用，识别边坡破坏模式为滑移-拉裂、倾倒变形及滑移-压致拉裂型破坏。

洪儒宝等[129] 通过现场地质调查和室内模型试验发现，边坡岩体结构与坡面的组合关系及其结构面的性质、分布对边坡稳定性起控制作用，识别边坡破坏模式为危岩崩塌、平面滑动、楔形体破坏。

黄润秋等[130] 通过大量滑坡的资料总结得出：当为水平向岩层时可识别分为三段式破坏（张拉-滑动-剪切）、挡墙塌陷破坏和水平冲刷破坏；当为反倾斜地层时可识别为倾倒破坏；当为顺倾向层状岩层时可识别为蠕变-弯曲-剪切破坏。

边坡坡体结构直接影响边坡滑坡模式，对于含弱层边坡，弱层对边坡破坏起主导作用，其边坡破坏模式表现为沿软弱带的压剪破坏和陡倾断层的张拉破坏，在坡面位置表现为多级滑动模式[131-133]。

(2) 边坡破坏模式分析方法

岩质边坡岩体在地质构造作用和外界荷载的反复影响下其结构极其复杂，是典型的不连续介质体，准确分析其破坏模式十分困难，国内外学者致力于使用不同的方法来分析边坡破坏模式，主要包括现场监测分析法、数值模拟法以及物理模型试验法。

许强[134] 通过大量监测数据分析总结出滑坡变形-时间曲线，进而将滑坡分为稳定型、渐变型、突发型三类，还给出了这三类滑坡发生的力学条件。唐然等[135] 通过监测滑坡失稳下滑的数据，分析得出滑坡模式为弯曲-拉裂（倾倒）破坏模式。董建辉等[136] 通过滑坡现场变形特征调查和相关监测数据得出边坡为蠕滑-拉裂破坏。苑谊等[137] 利用远程全自动变形监测系统所得到的数据曲线和现场地质勘查资料分析了该滑坡的变形特征。王胜[138] 利用 GPS 监测手段得出某露天矿采场滑坡模式为复合型圆弧滑动。陶志刚等[139] 结合现场调查和深部滑动力监测预警曲线，分析得到边坡破坏模式为楔形破坏。

Jiao 等[140] 组建了 GPS-RTK 网络和 6 个观测断面组成的监测系统，并进行了为期 12 个月的监测，得出边坡总体稳定，可能只发生局部浅层滑坡。Yu 等[141] 利用长期监测资料，揭示了断层和夹层的变形情况，研究了边坡的稳定性。Li 等[142] 利用 CDEM 模型和现场监测对边坡倾倒破坏模式进行了相互验证对比。Hu 等[143] 对滑坡进行了现场调查分析和综合监测，系统地对滑坡的变形进行了观测，得出边坡滑坡为旋转亚滑坡组成的多旋回滑坡，且变形破坏是由前向后发展的。Nie 等[144] 通过监测数据对抚顺西露天矿南坡滑坡的变形特征及机理进行了研究。类似的研究还有 Mohammad 等[145] 进行的。

随着计算机仿真技术的发展，有限元[146]、离散元[147-148]、有限差分[149] 等数值方法被应用到边坡破坏模式以及稳定性分析中。张社荣等[150] 基于 Sarma 极限平衡法和有限元强度折减法，研究了不同倾角多层软弱夹层边坡破坏模式，得出其破坏模式为滑移破坏→滑劈破坏→崩塌破坏→倾倒破坏→滑移破坏。耿招[151] 采用 $FLAC^{3D}$ 软件进行了真三维边坡模型开挖计算，通过开挖过程中的变形、塑性区、应力及稳定系数的变化，得出边坡在开挖作用下破坏模式表现为沿多级碳质泥岩夹层的牵引破坏。

李泽等[152] 针对基于塑性极限分析理论、块体单元离散技术以及拟静力法原理构建了矿山节理岩质边坡的计算模型，模拟了边坡的平动滑移破坏或倾倒破坏。袁志辉等[153] 采用离散元技术模拟倾倒式岩质崩塌运动全过程，进一步将破坏的整个过程分为四个阶段：原生节理开裂变形阶段、倾倒运动阶段、崩塌落体运动阶段和崩塌体的碰撞与堆积阶段，计算结果与现场调查结果相一致。高永涛等[154] 采用离散元理论和 3DEC 程序，模拟了顺层岩质边坡破坏特征，提出了四种顺层岩质边坡变形破坏模式：沿岩层结构面的滑移-剪切破坏，坡顶沿岩层结构面的滑动-剪切破坏，岩层下缘弯曲-剪切破坏，以及岩层上缘翻折-拉裂破坏。

刘红岩等[155]利用数值流形方法对层状岩石边坡的倾倒破坏过程进行了模拟。结果显示边坡岩体依次出现滑动区、倾倒区和稳定区。周月智[156]利用DDA方法模拟了存在两组平行节理的边坡滑坡过程，探讨了坡脚、节理角度、黏聚力以及摩擦角等因素对边坡滑坡过程的影响。

卞康等[157]利用二维颗粒流软件PFC模拟了含不同组合形式顺层断续节理岩质边坡破坏模式，不同组合模式下边坡破坏模式不同，呈现出滑移-倾倒破坏和倾倒破坏模式。岑夺丰等[158]利用二维颗粒流软件PFC对边坡阶梯状滑移破裂模式进行了模拟，节理间岩桥呈现出张拉贯通破坏、剪切贯通破坏及张-剪混合贯通破坏三种类型。彭超[159]利用三维颗粒流软件PFC建立露天矿高边坡开挖模型，模拟了边坡在开挖过程中的破坏模式。

刘佳等[160]利用RFPA软件模拟了不同高度边坡的破坏模式，100m边坡属于牵引式破坏；300m高边坡坡体中部首先破坏，进而推动下部坡体破坏，属于推移式滑坡；600m和900m超高边坡坡体既有牵引式破坏又有推移式滑坡，属于复合式破坏。李连崇等[161]利用RFPA软件探讨了节理贯通率、几何位置、倾角以及节理间岩桥长度对节理岩质边坡破坏模式的影响。

在模型试验研究方面，曹礼聪等[162]使用大型振动台模型试验，得出了地震波作用下含倾斜强风化带边坡破坏模式为拉裂-剪切-滑移和拉裂-剪切-破碎。张春生等[163]按照1：200的比例设计了基于白鹤滩水电站复杂结构面组合的块体边坡模型，得到了边坡在地震波作用下为沿底面与侧面的双滑失稳破坏模式。石盼[164]使用模型试验方法对含软弱结构面顺层岩质边坡破坏模式、破坏机理及其破坏的影响因素进行了系统研究，再现了含软弱结构面顺层岩质边坡的破坏过程。吴昊等[165]采用离心模型试验并结合图像测量技术对反倾层状岩质边坡倾倒破坏模式和机理进行了研究，提出坡体倾倒破坏过程主要经历4个阶段：坡趾岩层断裂、近坡顶张拉裂缝产生、岩层折断渐进式延伸及裂缝贯通瞬间倾倒。杨百祥[166]等采用大型地质力学模型试验研究了川藏铁路季节性粗颗粒冻土边坡破坏模式。巨能攀[167]等通过离心试验研究了陡倾顺层斜坡在强震作用下的倾倒变形机理与破坏模式。此外，类似的还有Song和Zhou等[168-169]的研究。

目前关于岩质边坡稳定性和破坏模式的研究，主要探讨某一边坡在自重或外荷载作用下稳定性状态和不同破坏形态，而针对露天矿岩质边坡在开挖卸荷作用下的动态稳定性和破坏模式研究较少。

1.2 本书主要内容

近年来，众多学者针对工程岩体卸荷的断裂破坏理论与破坏模式展开研究，已成为岩体力学研究的热点问题。本书围绕露天矿山岩质边坡开挖卸荷问题，以辽宁鞍山大孤山露天铁矿为研究背景，通过现场资料收集与地质环境调查，综合运用现场实测、理论分析、室内试验、数值模拟和模型试验等多种研究手段，探索露天矿高边坡岩体在卸荷扰动下岩体断裂机理与破坏模式，主要内容如下：

① 基于边坡开挖前后应力和位移状态，提出了边坡岩体卸荷分区，将边坡岩体沿水平方向从坡面向里依次划分为强卸荷区、弱卸荷区和原岩区。针对强卸荷区边坡岩体受力状态，利用应力叠加原理，推导岩石试样内部和端部裂隙尖端应力强度因子表达式，通过将应力强度因子比作为评价指标，探讨裂隙之间相互作用规律。

② 结合露天矿边坡岩体的卸荷应力路径，针对预制内部和端部裂隙的类岩石材料试样，借助真三轴力学伺服试验系统，开展双轴加卸载试验，并利用高速摄影实时跟踪分析系统，分析裂隙试样的裂隙扩展演化特征和贯通破坏模式，研究含内部裂隙试样裂隙之间相互作用规律和含端部裂隙试样在不同卸荷速率下的力学特性。

③ 依据边坡岩体弱卸荷区受力状态，利用断裂力学相关理论，从定性和定量角度解析开挖卸荷对边坡岩体破坏的影响，并基于应力叠加原理，从边坡真实结构特征出发，考虑分支裂隙尖端塑性区分布范围，进一步构建边坡岩体裂隙扩展贯通力学模型，阐明边坡岩体断裂破坏机理，提出边坡失稳判据，并通过工程案例进行验证。

④ 以辽宁鞍山大孤山铁矿某岩质边坡为背景，利用非接触摄影测量系统(3GSM)，获取边坡岩体裂隙基本参数，并进行裂隙产状模糊 C 均值聚类分析，确定了优势裂隙组划分，进一步确定优势裂隙组产状、迹长和密度等随机分布参数。在此基础上，基于 Monte-Carlo 随机原理，构建与边坡结构面具有相似分布规律的二维网络模型。从大孤山铁矿边坡概化出四个不同高度边坡模型，借助 PFC 数值计算软件，探讨不同开采水平下坡体位移场和裂隙发展的时空演化规律以及边坡的破坏模式。

⑤ 以底摩擦模型试验为研究手段，设计四个不同高度边坡模型开挖的底

摩擦试验，采用测点追踪软件获取边坡在开挖卸荷过程中位移场和变形场变化规律及关键点位移时程曲线，揭示露天矿高边坡在开挖卸荷作用下的变形破坏机制，总结不同高度边坡的卸荷破坏模式，对比分析露天矿高边坡及超高边坡的滑坡模式、破坏机理与中低边坡的异同。

本书针对开挖卸荷作用下露天矿高边坡岩体断裂机理与变形破坏模式展开讨论，具体技术路线如图 1.1 所示，研究方法涉及现场实测、理论分析、室内试验、数值模拟和模型试验，具体研究方法如下：

① 利用非接触摄影测量系统（3GSM）对边坡现场岩体节理进行测量和统计分析，构建与边坡结构面具有相似分布规律的二维网络模型。

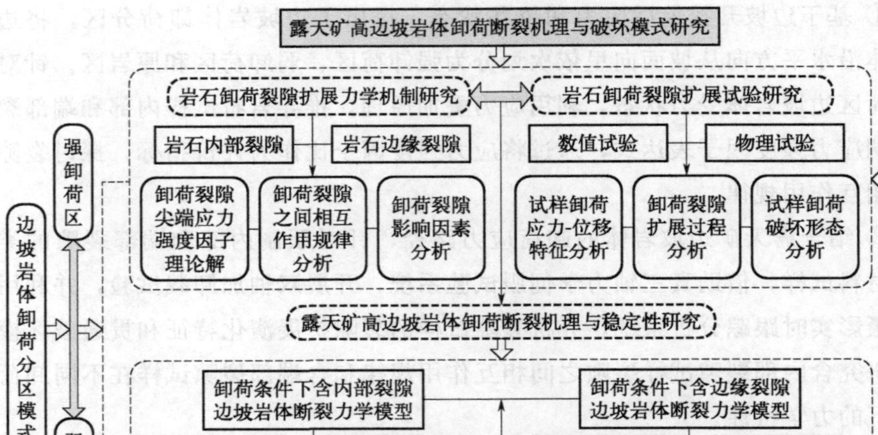

图 1.1 技术路线图

② 借助真三轴力学伺服试验系统，开展裂隙试样双轴加卸载的室内试验，利用高速摄影实时跟踪分析系统，分析裂隙试样的裂隙扩展演化特征和贯通破坏模式。

③ 利用应力叠加原理和断裂力学理论，推导边坡岩体内部和端部裂隙尖端应力强度因子表达式，构建边坡岩体裂隙扩展贯通力学模型。

④ 借助 PFC 数值计算软件，探讨不同开采水平下坡体位移场和裂隙发展的时空演化规律以及边坡的破坏模式。

⑤ 通过底摩擦模型试验，得出不同高度边坡的开挖卸荷破坏模式，采用测点追踪软件获取边坡在开挖卸荷过程中位移场变化规律及关键点位移时程曲线。

1.3 本章小结

确保露天矿高边坡在开采过程中的安全稳定，已成为目前亟待解决的问题。边坡岩体是一种含各种裂隙等结构面的复杂介质，在漫长的矿山服务期内，爆破开挖、采矿卸荷等频繁的扰动，促使岩体内原生裂隙不断扩展，引发边坡局部或整体失稳破坏。探究工程裂隙岩体在卸荷扰动下的断裂机理一直以来都是岩体力学的难点。通过对岩质边坡岩体卸荷断裂机理、边坡稳定性及破坏模式等的研究现状阐述，明确了本书应用现场实测、理论分析、室内试验、数值模拟和模型试验等手段进行开挖卸荷作用下露天矿高边坡岩体断裂机理与破坏模式研究，提出了本书主要研究内容、研究方法和技术路线。

第2章

露天矿边坡岩体裂隙卸荷扩展的断裂力学分析

本章首先基于边坡开挖前后应力和位移状态，提出了边坡岩体卸荷分区，将边坡岩体沿水平方向从坡面向里依次划分为强卸荷区、弱卸荷区和原岩区。针对强卸荷区边坡岩体受力状态，利用应力叠加原理，推导了边坡岩体内部和端部裂隙尖端应力强度因子表达式，通过将应力强度因子比作为评价指标，探讨了一对不等长共线裂隙相互作用规律。

2.1 边坡岩体卸荷分区

露天矿边坡在开挖卸荷后，打破了边坡岩体原有的力学平衡状态，在应力和位移不断调整后，重新建构了新的力学平衡体系，开挖前后岩体内应力分布如图 2.1 所示。边坡开挖后，黄润秋[170] 根据边坡岩体内应力分布及岩体的破坏程度，从坡面向坡体水平方向将边坡划分为应力降低区（Ⅰ区）、应力增高区（Ⅱ区）以及原岩应力区（Ⅲ区），在靠近边坡的临空面，应力快速释放，远离边坡的临空面，岩体应力基本没有变化，处于三向受力状态，与未受到开挖扰动的岩体受力相同，应力在边坡岩体内呈现驼峰分布，具体如图 2.1(b) 所示。

假定岩土体为弹塑性材料，坡体开挖后，由于岩体回弹变形而产生水平向

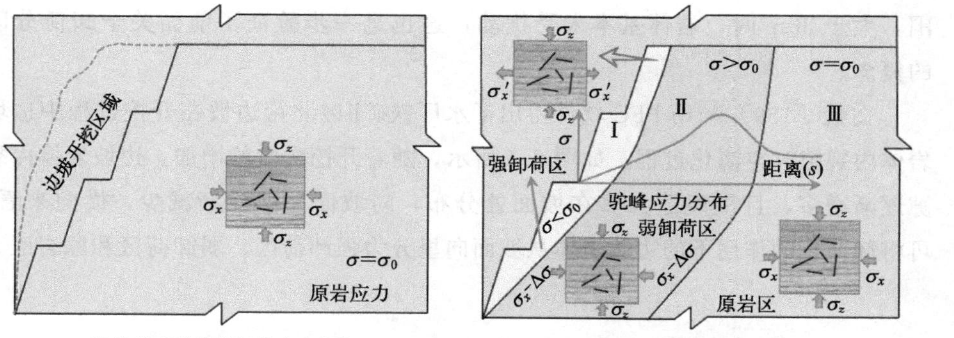

(a) 边坡开挖前的岩体应力状态

(b) 边坡开挖后的岩体应力状态

图 2.1　边坡开挖前后岩体内部应力分布示意图

外的拉应力，并由外向内逐渐降低[40]，根据坡体内应力和位移的调整变化以及岩体破坏情况，一般可将坡体划分成 3 个区域，如图 2.1(b) 所示。

① 强卸荷区（破坏区，Ⅰ区），此区域边坡岩体充分卸荷，岩体内的不连续面相互贯通，岩体较破碎，因此称为强卸荷区（破碎区），此区域的岩体破碎并不会造成大型滑坡，经常为局部台阶的小范围岩体滑落。

② 弱卸荷区（塑性区，Ⅱ区），此区域边坡岩体未完全卸荷，岩体内优势裂隙组在卸荷作用下不断扩展贯通，因此也称为弱卸荷区，大型滑坡正是此区域岩体断裂所造成的。

③ 原岩区（Ⅲ区），此区域边坡岩体未受边坡开挖扰动影响。

文献［3］利用 FLAC 软件求得了大孤山露天铁矿下盘混合岩边坡开采扰动系数在距离坡面不同位置的大小，如图 2.2 所示，采深越大，扰动系数越

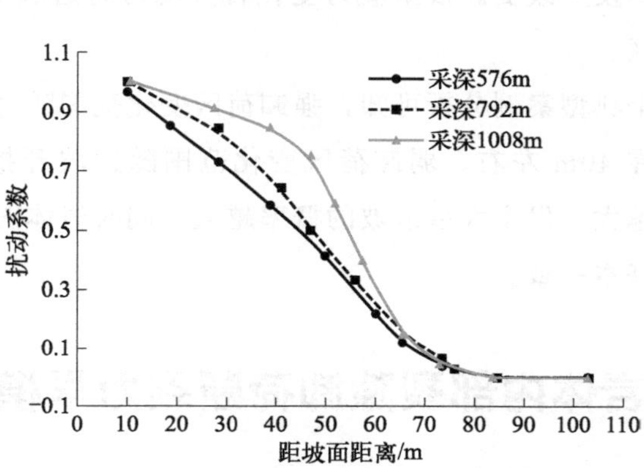

图 2.2　不同开挖高度下扰动系数随到坡面距离变化曲线

大，在距离坡面 40m 范围内扰动系数减小的斜率小于距离坡面 40～80m 的范围，大于 80m 时，岩体基本未受扰动，这也进一步验证了前面关于卸荷分区的概念。

文献［159］利用 PFC 软件得出了水厂铁矿Ⅱ区北帮边坡在开挖过程中边坡岩体内裂隙时空演化过程，如图 2.3 所示，随着开挖次数的增加，边坡岩体内裂隙逐渐增多，且微裂隙大多在坡面处分布，向坡面内部逐渐减少，横向来看，可将卸荷扰动作用下的边坡岩体从坡面向里分为强卸荷区、弱卸荷区和原岩区。

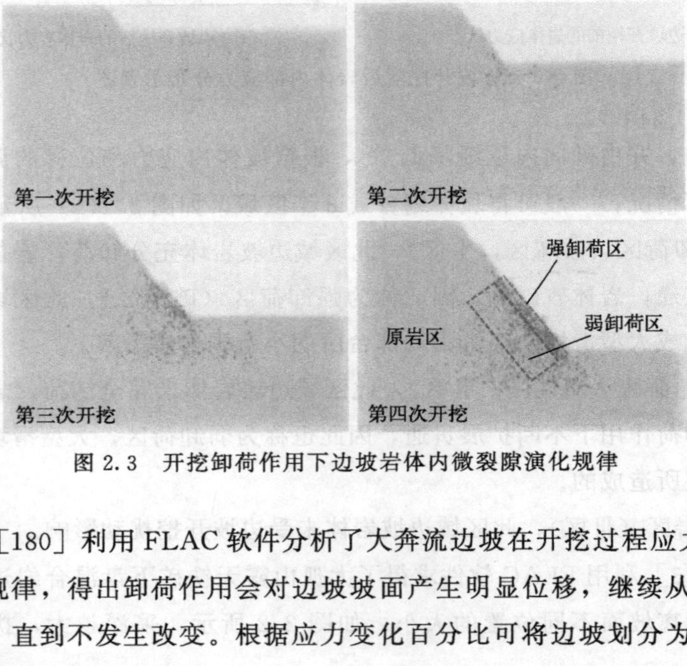

图 2.3　开挖卸荷作用下边坡岩体内微裂隙演化规律

文献［180］利用 FLAC 软件分析了大奔流边坡在开挖过程应力场和位移场的演化规律，得出卸荷作用会对边坡坡面产生明显位移，继续从坡面向里，位移减小，直到不发生改变。根据应力变化百分比可将边坡划分为强卸荷区、弱卸荷区和原岩区。

通过上述三个典型案例分析可知，强卸荷区变化范围随边坡开挖高度变化较小，一般保持在 40m 左右，弱卸荷区变化范围随边坡开挖高度变化较大，这表明边坡高度越大，发生大型滑坡的概率越大，同时岩体破坏范围与前面关于边坡卸荷分区基本一致。

2.2　边坡岩体内部裂隙卸荷断裂力学模型

由 2.1 节分析可知，边坡岩体在开挖后其内部岩体应力场重分布，根据边坡岩体内应力分布及岩体的破坏程度，从坡面向坡体水平方向将边坡划分为强卸荷区、弱卸荷区以及原岩区。露天矿边坡通常发生的局部滑坡就是破坏区岩体裂隙之间相互作用贯通的结果，因此本节选取强卸荷区岩体两条共线断续裂隙作为研究对象，探讨其内部裂隙的受力状态和裂隙之间的相互作用规律。所选取的强卸荷区岩体在开挖前受到竖直方向应力 σ_1、水平方向应力 σ_3 的作用，如图 2.4(a) 所示（不考虑中间主应力的影响）。开挖后，应力路径发生了改变，在靠近工程开挖区域的一定范围内岩体会因卸荷而产生岩体回弹变形，这一区域内岩体内裂隙表面会受到拉应力作用，岩体应力状态由压剪应力状态转变成拉剪应力状态[40,190-192]，受力状态如图 2.4(b) 所示。

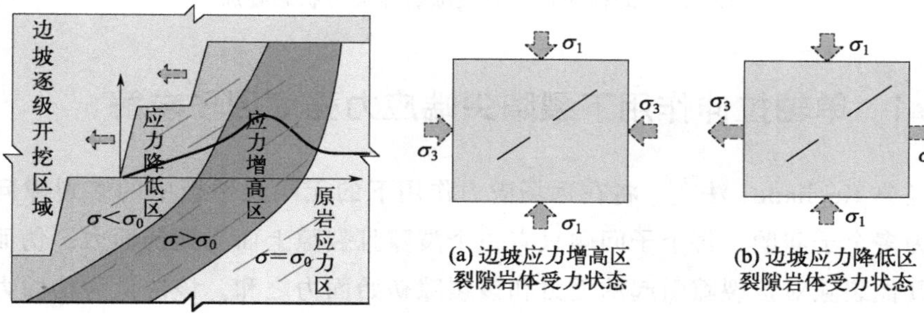

图 2.4　边坡开挖强卸荷区岩体受力状态力学模型

2.3 岩体卸荷内部双裂隙尖端应力强度因子求解

由于卸荷条件下裂隙处应力状态较为复杂，并不能直接通过断裂力学相关理论直接求得其裂隙尖端应力强度因子，因此，本节对边坡开挖卸荷岩体概化模型做二维断裂力学分析，采用叠加的方法分析卸荷条件下岩体的受力状态，分解为单轴拉伸应力状态 C 和单轴压缩应力状态 B，其分解原理如图 2.5 所示，其中 $\alpha+\beta=90°$。根据分解原理，得出卸荷条件下共线裂隙岩体应力状态 A 的应力强度因子 K^A 为：

$$K^A=K^B+K^C \tag{2.1}$$

式中，K^A 为卸荷状态下裂隙尖端应力强度因子；K^B 为单轴压缩作用下裂隙尖端应力强度因子；K^C 为单轴拉伸作用下裂隙尖端应力强度因子。Kachanov 法对于多裂隙岩体应力强度因子求解较其他方法具有较好的优势，本节基于 Kachanov 法对单轴压缩作用下和单轴拉伸作用下裂隙尖端应力强度

因子 K^B 和 K^C 进行求解。

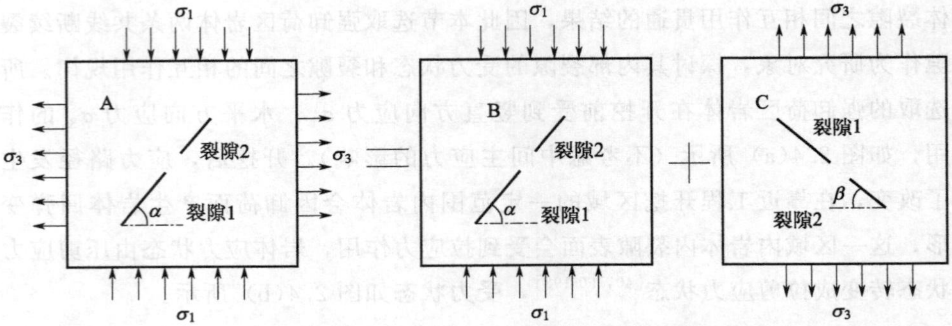

图 2.5　卸荷条件下双裂隙岩体应力状态叠加

2.3.1　单轴拉伸作用下裂隙尖端应力强度因子求解

经典 Kachanov 法[59] 将在远场应力作用下的无限大平板中的多裂隙问题等效为多个子问题，每个子问题只有一个裂隙且裂隙上面受到伪面力。伪面力等于其他裂隙对该裂隙引起的面力和该裂隙初始面力之和。该法认为伪面力由均匀部分和合力为零的非均部分组成。假定裂隙相互作用只由均匀部分产生，而忽略合力为零的非均部分的作用。

本小节基于以上原理，研究如图 2.6 所示的无限大平板中受压应力 σ_1 作用的不等长共线裂隙相互作用。建立如图 2.6 所示的 xoy 坐标系，裂隙 1 长度为 $c-d$，裂隙 2 长度为 $a-d$，裂隙间距为 $2d$，裂隙倾角为 β。以仅含裂隙

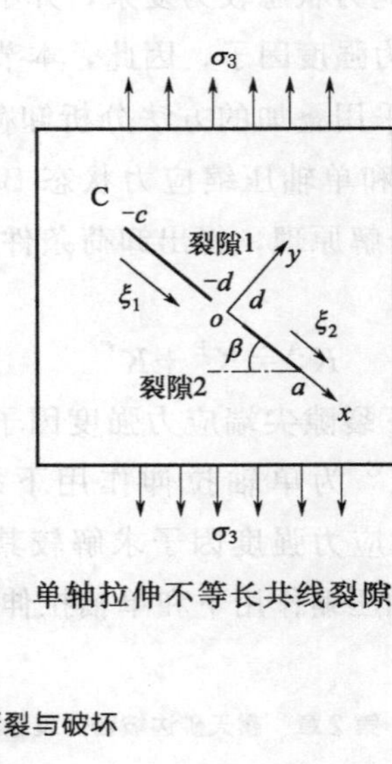

图 2.6　单轴拉伸不等长共线裂隙力学模型

1 为例，如图 2.7 所示为仅含裂隙 1 时裂隙面上伪面力分解图示，其中初始面力 $\boldsymbol{p}_1^{\infty}$ 为压应力 σ_1 在裂隙 1 上的分量。

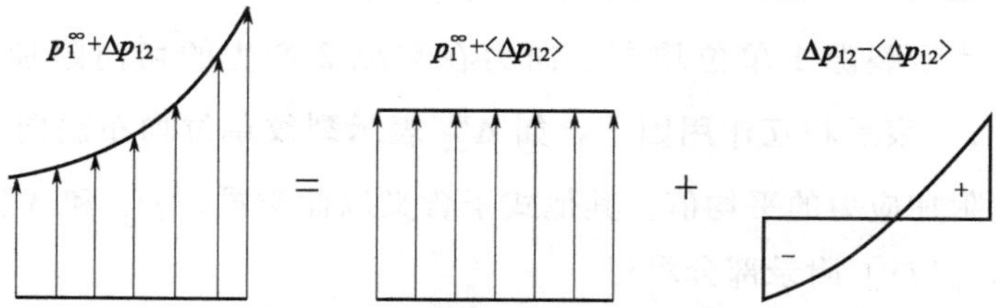

图 2.7　仅含裂隙 1 时其上面力分解

根据应力强度因子的定义，单轴拉伸作用下的不等长共线裂隙会发生Ⅰ-Ⅱ复合型破坏。裂隙 i 上的伪面力[60]：

$$\boldsymbol{p}_i(\xi_i)=\begin{bmatrix}\sigma_i(\xi_i)\\ \tau_i(\xi_i)\end{bmatrix}=\boldsymbol{p}_i^{\infty}+\Delta\boldsymbol{p}_{ij}(\xi_i)(i,j=1,2;i\neq j,\text{下同}) \tag{2.2}$$

式中：$\sigma_i(\xi_i)$ 和 $\tau_i(\xi_i)$ 分别为裂隙 i 面上的法向和切向伪面力；$\boldsymbol{p}_i^{\infty}$ 为裂隙 i 面上的初始面力；$\Delta\boldsymbol{p}_{ij}(\xi_i)$ 为裂隙 j 均布面力对裂隙 i 产生的附加面力。裂隙 i 初始面力与附加面力计算如下：

$$\left.\begin{aligned}&\boldsymbol{p}_i^{\infty}=\begin{bmatrix}-\dfrac{1}{2}\sigma_3[1+\cos(2\beta)]\\ -\dfrac{1}{2}\sigma_3\sin(2\beta)\end{bmatrix}\\ &\Delta\boldsymbol{p}_{ij}(\xi_i)=\begin{bmatrix}\Delta\sigma_{ij}(\xi_i)\\ \Delta\tau_{ij}(\xi_i)\end{bmatrix}=\begin{bmatrix}f_{ij}^{nn} & f_{ij}^{tn}\\ f_{ij}^{nt} & f_{ij}^{tt}\end{bmatrix}\begin{bmatrix}\langle\sigma_j(\xi_j)\rangle\\ \langle\tau_j(\xi_j)\rangle\end{bmatrix}\end{aligned}\right\} \tag{2.3}$$

对于共线裂隙，$f_{ij}^{nt}=f_{ij}^{tn}=0$，则式(2.3) 变为：

$$\Delta\boldsymbol{p}_{ij}(\xi_i)=\begin{bmatrix}\Delta\sigma_{ij}(\xi_i)\\ \Delta\tau_{ij}(\xi_i)\end{bmatrix}=\begin{bmatrix}f_{ij}^{nn} & 0\\ 0 & f_{ij}^{tt}\end{bmatrix}\begin{bmatrix}\langle\sigma_j(\xi_j)\rangle\\ \langle\tau_j(\xi_j)\rangle\end{bmatrix} \tag{2.4}$$

对式(2.2) 取平均：

$$\langle\boldsymbol{p}_i(\xi_i)\rangle=\boldsymbol{p}_i^{\infty}+\begin{bmatrix}\Lambda_{ij}^{nn} & 0\\ 0 & \Lambda_{ij}^{tt}\end{bmatrix}\langle\boldsymbol{p}_j(\xi_j)\rangle \tag{2.5}$$

式中，i，$j=1$，2，$i \neq j$；$\Delta\sigma_{ij}(\xi_i)$ 和 $\Delta\tau_{ij}(\xi_i)$ 分别为裂隙 i 在裂隙 j 上产生的法向应力和切向伪面力，如 $\Delta\sigma_{21}(\xi_1)$ 和 $\Delta\tau_{21}(\xi_1)$ 分别为裂纹 1 在裂纹 2 上产生的法向应力和切向应力；$f_{ij}^{\mu\nu}$（μ，$\nu=n$，t）表示相互作用系数，如 f_{21}^{nt} 表示裂隙 1 单位均布法向力在裂隙 2 产生的切向附加应力；$\Lambda_{ij}^{\mu\nu}$（μ，$\nu=n$，t）表示相互作用因子，如 Λ_{21}^{nt} 表示裂纹单位均布法向力在裂纹 1 产生的切向附加应力的平均值。其他式子含义以此类推。$f_{ij}^{\mu\nu}$ 和 $\Lambda_{ij}^{\mu\nu}$ 表达式可以通过文献［171］附录部分求得。

根据文献［60］可知，单轴压缩作用下裂隙尖端的Ⅰ、Ⅱ型应力强度因子 K^{C} 求解公式为：

$$\begin{bmatrix} K_{\mathrm{I}}^{\mathrm{C}}(\pm a_i) \\ K_{\mathrm{II}}^{\mathrm{C}}(\pm a_i) \end{bmatrix} = -\frac{1}{\sqrt{\pi a_i}} \int_{-a_i}^{a_i} \sqrt{\frac{a_i \pm \xi_i}{a_i \mp \xi_i}} \begin{bmatrix} \sigma_i^{\mathrm{C}}(\xi_i) \\ \tau_i^{\mathrm{C}}(\xi_i) \end{bmatrix} \mathrm{d}\xi_i \tag{2.6}$$

式中：$K_{\mathrm{I}}^{\mathrm{C}}$、$K_{\mathrm{II}}^{\mathrm{C}}$ 分别为在模型 C 中裂隙尖端的Ⅰ型和Ⅱ型应力强度因子；a_i 为裂隙 i 半长；$\sigma_i^{\mathrm{C}}(\xi_i)$ 和 $\tau_i^{\mathrm{C}}(\xi_i)$ 分别为在模型 C 中裂隙 i 面上的法向和切向伪面力。至此，可根据式(2.2)～式(2.5) 求得裂隙面上的伪面力，将其代入式(2.6) 可求得两条裂隙尖端内外的应力强度因子。

2.3.2 单轴压缩作用下裂隙尖端应力强度因子求解

在单轴压缩作用下，裂隙受到法向压应力而发生闭合，此时在裂隙尖端只存在Ⅱ型应力强度因子。考虑如图 2.8 所示的压剪共线裂隙模型，裂隙 1 和 2 上的实际面力分别为 σ_y^1、τ_{xy}^1、σ_y^2、τ_{xy}^2，取 $0<\alpha<90°$，假设裂隙在压剪应力作用下发生滑动，则根据摩尔库仑定律得裂隙上的面力满足：

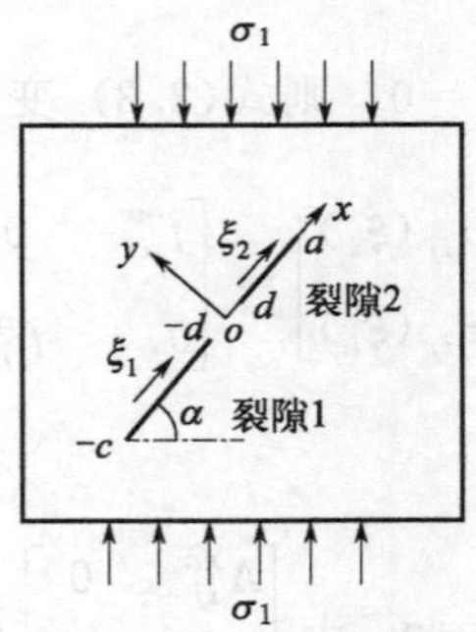

图 2.8 单轴压缩不等长共线裂隙力学模型

$$\tau_{xy}^{i}=-\tau_c+\mu\sigma_y^{i}(i=1,2;\text{下同}) \tag{2.7}$$

式中，τ_c 和 μ 分别为黏聚力和摩擦系数。

该问题和图 2.9 所示的问题等效，裂隙面上受到 $\tau_{xy}^{i}-\tau_{xy}^{\infty i}$ 的切向面力和 $\sigma_y^{i}-\sigma_y^{\infty i}$ 的法向面力作用，其中 $\sigma_y^{\infty i}$ 和 $\tau_{xy}^{\infty i}$ 分别为远场应力 σ_1 在裂隙面上产生的法向和切向应力分量：

$$\left.\begin{aligned}\sigma_y^{\infty i}&=\frac{1}{2}\sigma_1[1+\cos(2\alpha)]\\ \tau_{xy}^{\infty i}&=\frac{1}{2}\sigma_1\sin(2\alpha)\end{aligned}\right\} \tag{2.8}$$

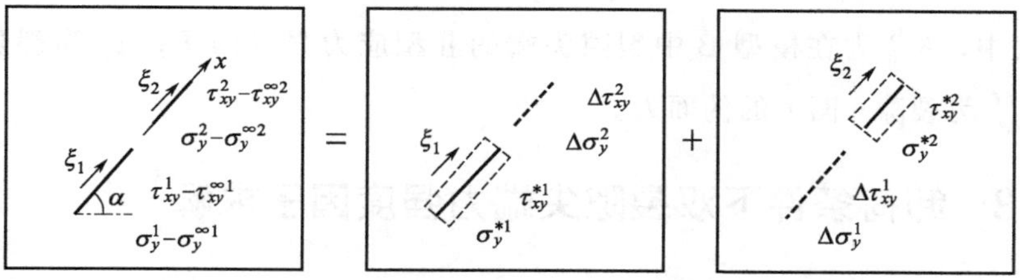

图 2.9　裂隙面应力等效叠加

经典 Kachanov 法将该问题分解为两个子问题，每个子问题仅含一个受到未知伪面力 σ_y^{*i} 和 τ_{xy}^{*i} 的裂隙，其表达式为：

$$\left.\begin{aligned}\tau_{xy}^{*i}&=(\tau_{xy}^{i}-\tau_{xy}^{\infty i})-\Delta\tau_{xy}^{i}\\ \sigma_y^{*i}&=(\sigma_y^{i}-\sigma_y^{\infty i})-\Delta\sigma_y^{i}\end{aligned}\right\} \tag{2.9}$$

式中，$\Delta\sigma_y^i$ 表示受面力 σ_y^{*j} 和 τ_{xy}^{*j} 作用的裂隙 j 在裂隙 i 上产生的附加法向应力；$\Delta\tau_{xy}^i$ 表示相应的附加切向应力，$i\neq j$，i，$j=1$，2。对于滑动闭合裂隙，$\sigma_y^{*i}=0$。则式(2.7) 可表示为：

$$\tau_{xy}^{*i}=-\tau_c+\mu\sigma_y^{\infty i}-\tau_{xy}^{\infty i}+\mu\Delta\sigma_y^{i}-\Delta\tau_{xy}^{i} \tag{2.10}$$

利用 Kachanov 法求得附加应力项 $\Delta\sigma_y^i$，$\Delta\tau_{xy}^i$：

$$\left.\begin{aligned}\Delta\tau_{xy}^{i}&=\langle-\tau_{xy}^{*j}\rangle f_{ij}^{tt}\\ \Delta\sigma_y^{i}&=\langle-\sigma_y^{*j}\rangle f_{ij}^{nn}\end{aligned}\right\}(i\neq j,i,j=1,2) \tag{2.11}$$

式中，$\langle-\sigma_y^{*i}\rangle$ 和 $\langle-\tau_{xy}^{*j}\rangle$ 表示裂隙 j 伪面力在法向和切向的平均值，把式(2.9) 和式(2.10) 联立得：

$$\left.\begin{aligned}\tau_{xy}^{*1}&=-\tau_c+\mu\sigma_y^{\infty1}-\tau_{xy}^{\infty1}+\langle\tau_{xy}^{*2}\rangle f_{12}^{tt}\\ \tau_{xy}^{*2}&=-\tau_c+\mu\sigma_y^{\infty2}-\tau_{xy}^{\infty2}+\langle\tau_{xy}^{*1}\rangle f_{21}^{tt}\end{aligned}\right\} \tag{2.12}$$

进一步对式(2.12) 取平均得：

$$\left.\begin{aligned}\langle\tau_{xy}^{*1}\rangle&=-\tau_c+\mu\sigma_y^{\infty1}-\tau_{xy}^{\infty1}+\langle\tau_{xy}^{*2}\rangle\Lambda_{12}^{tt}\\ \langle\tau_{xy}^{*2}\rangle&=-\tau_c+\mu\sigma_y^{\infty2}-\tau_{xy}^{\infty2}+\langle\tau_{xy}^{*1}\rangle\Lambda_{21}^{tt}\end{aligned}\right\} \tag{2.13}$$

通过式(2.13) 求得 $\langle\tau_{xy}^{*1}\rangle$ 和 $\langle\tau_{xy}^{*2}\rangle$，将其代入式(2.12) 求得 τ_{xy}^{*1} 和 τ_{xy}^{*2}，再代入式(2.14) 便求得两条裂隙内外尖端Ⅱ型应力强度因子：

$$K_{\mathrm{II}}^{\mathrm{B}}(\pm a_i)=-\frac{1}{\sqrt{\pi a_i}}\int_{-a_i}^{a_i}\sqrt{\frac{a_i\pm\xi_i}{a_i\mp\xi_i}}\times\tau_{xy}^{*i}\mathrm{d}\xi_i \tag{2.14}$$

式中，$K_{\mathrm{II}}^{\mathrm{B}}$ 为在模型 B 中裂隙尖端的Ⅱ型应力强度因子；a_i 为裂隙 i 半长；τ_{xy}^{*i} 为裂隙 i 面上的伪面力。

2.3.3 卸荷条件下双裂隙尖端力强度因子求解

2.3.1 节中求得了单轴拉伸作用下两裂隙内外尖端的应力强度因子 K^{C}，2.3.2 节中求得了单轴压缩作用下两裂隙内外尖端的应力强度因子 K^{B}，联立式(2.1)、式(2.6) 和式(2.14)，可求得卸荷条件下裂隙尖端应力强度因子：

$$K_{\mathrm{I}}(-d)=\frac{\sigma_3[1+\cos(2\beta)]}{2\sqrt{\pi a_1}}\int_{-a_1}^{a_1}\sqrt{\frac{a_1+\xi_1}{a_1-\xi_1}}\left[1+\frac{1+\Lambda_{12}^{nn}}{1-\Lambda_{12}^{nn}\Lambda_{21}^{nn}}\times\left(-\frac{\xi_1-(a+c+2d)/2}{\sqrt{[\xi_1-(a+c+2d)/2]^2-[(a-d)/2]^2}}-1\right)\right]\mathrm{d}\xi_1 \tag{2.15}$$

$$K_{\mathrm{I}}(-c)=\frac{\sigma_3[1+\cos(2\beta)]}{2\sqrt{\pi a_1}}\int_{-a_1}^{a_1}\sqrt{\frac{a_1-\xi_1}{a_1+\xi_1}}\left[1+\frac{1+\Lambda_{12}^{nn}}{1-\Lambda_{12}^{nn}\Lambda_{21}^{nn}}\times\left(-\frac{\xi_1-(a+c+2d)/2}{\sqrt{[\xi_1-(a+c+2d)/2]^2-[(a-d)/2]^2}}-1\right)\right]\mathrm{d}\xi_1 \tag{2.16}$$

$$K_{\mathrm{I}}(d)=\frac{\sigma_3[1+\cos(2\beta)]}{2\sqrt{\pi a_2}}\int_{-a_2}^{a_2}\sqrt{\frac{a_2-\xi_2}{a_2+\xi_2}}\left[1+\frac{1+\Lambda_{21}^{nn}}{1-\Lambda_{21}^{nn}\Lambda_{21}^{nn}}\times\left(\frac{\xi_2-(a+c+2d)/2}{\sqrt{[\xi_2-(a+c+2d)/2]^2-[(c-d)/2]^2}}-1\right)\right]\mathrm{d}\xi_2 \tag{2.17}$$

$$K_{\mathrm{I}}(a)=\frac{\sigma_3[1+\cos(2\beta)]}{2\sqrt{\pi a_2}}\int_{-a_2}^{a_2}\sqrt{\frac{a_2+\xi_2}{a_2-\xi_2}}\left[1+\frac{1+\Lambda_{21}^{nn}}{1-\Lambda_{21}^{nn}\Lambda_{21}^{nn}}\right.$$

$$\left.\times\left(\frac{\xi_2-(a+c+2d)/2}{\sqrt{[\xi_2-(a+c+2d)/2]^2-[(c-d)/2]^2}}-1\right)\right]\mathrm{d}\xi_2 \tag{2.18}$$

$$K_{\mathrm{II}}(-d)=\frac{\sigma_3\sin(2\beta)}{2\sqrt{\pi a_1}}\int_{-a_1}^{a_1}\sqrt{\frac{a_1+\xi_1}{a_1-\xi_1}}\left[1+\frac{1+\Lambda_{12}^{tt}}{1-\Lambda_{12}^{tt}\Lambda_{21}^{tt}}\right.$$

$$\left.\times\left(-\frac{\xi_1-(a+c+2d)/2}{\sqrt{[\xi_1-(a+c+2d)/2]^2-[(a-d)/2]^2}}-1\right)\right]\mathrm{d}\xi_1$$

$$+\frac{2\tau_c-\mu\sigma_1[1+\cos(2\alpha)]+\sigma_1\sin(2\alpha)}{2\sqrt{\pi a_1}}\int_{-a_1}^{a_1}\sqrt{\frac{a_1+\xi_1}{a_1-\xi_1}}\left[1+\frac{1+\Lambda_{12}^{tt}}{1-\Lambda_{12}^{tt}\Lambda_{21}^{tt}}\right.$$

$$\left.\times\left(-\frac{\xi_1-(a+c+2d)/2}{\sqrt{[\xi_1-(a+c+2d)/2]^2-[(a-d)/2]^2}}-1\right)\right]\mathrm{d}\xi_1$$

(2.19)

$$K_{\mathrm{II}}(-c)=\frac{\sigma_3\sin(2\beta)}{2\sqrt{\pi a_1}}\int_{-a_1}^{a_1}\sqrt{\frac{a_1-\xi_1}{a_1+\xi_1}}\left[1+\frac{1+\Lambda_{12}^{tt}}{1-\Lambda_{12}^{tt}\Lambda_{21}^{tt}}\right.$$

$$\left.\times\left(-\frac{\xi_1-(a+c+2d)/2}{\sqrt{[\xi_1-(a+c+2d)/2]^2-[(a-d)/2]^2}}-1\right)\right]\mathrm{d}\xi_1+$$

$$\frac{2\tau_c-\mu\sigma_1[1+\cos(2\alpha)]+\sigma_1\sin(2\alpha)}{2\sqrt{\pi a_1}}\int_{-a_1}^{a_1}\sqrt{\frac{a_1-\xi_1}{a_1+\xi_1}}\left[1+\frac{1+\Lambda_{12}^{tt}}{1-\Lambda_{12}^{tt}\Lambda_{21}^{tt}}\right.$$

$$\left.\times\left(-\frac{\xi_1-(a+c+2d)/2}{\sqrt{[\xi_1-(a+c+2d)/2]^2-[(a-d)/2]^2}}-1\right)\right]\mathrm{d}\xi_1$$

(2.20)

$$K_{\mathrm{II}}(a)=\frac{\sigma_3\sin(2\beta)}{2\sqrt{\pi a_2}}\int_{-a_2}^{a_2}\sqrt{\frac{a_2+\xi_2}{a_2-\xi_2}}\left[1+\frac{1+\Lambda_{12}^{tt}}{1-\Lambda_{12}^{tt}\Lambda_{21}^{tt}}\right.$$

$$\left.\times\left(\frac{\xi_2-(a+c+2d)/2}{\sqrt{[\xi_2-(a+c+2d)/2]^2-[(c-d)/2]^2}}-1\right)\right]\mathrm{d}\xi_2$$

$$
+\frac{2\tau_c-\mu\sigma_1[1+\cos(2\alpha)]+\sigma_1\sin(2\alpha)}{2\sqrt{\pi a_2}}\int_{-a_2}^{a_2}\sqrt{\frac{a_2+\xi_2}{a_2-\xi_2}}\left[1+\frac{1+\Lambda_{12}^{tt}}{1-\Lambda_{12}^{tt}\Lambda_{21}^{tt}}\right.
$$

$$
\left.\times\left(\frac{\xi_2-(a+c+2d)/2}{\sqrt{[\xi_2-(a+c+2d)/2]^2-[(c-d)/2]^2}}-1\right)\right]\mathrm{d}\xi_2 \quad (2.21)
$$

$$
K_{\mathrm{II}}(a)=\frac{\sigma_3\sin(2\beta)}{2\sqrt{\pi a_2}}\int_{-a_2}^{a_2}\sqrt{\frac{a_2+\xi_2}{a_2-\xi_2}}\left[1+\frac{1+\Lambda_{12}^{tt}}{1-\Lambda_{12}^{tt}\Lambda_{21}^{tt}}\right.
$$

$$
\left.\times\left(\frac{\xi_2-(a+c+2d)/2}{\sqrt{[\xi_2-(a+c+2d)/2]^2-[(c-d)/2]^2}}-1\right)\right]\mathrm{d}\xi_2
$$

$$
+\frac{2\tau_c-\mu\sigma_1[1+\cos(2\alpha)]+\sigma_1\sin(2\alpha)}{2\sqrt{\pi a_2}}\int_{-a_2}^{a_2}\sqrt{\frac{a_2+\xi_2}{a_2-\xi_2}}\left[1+\frac{1+\Lambda_{12}^{tt}}{1-\Lambda_{12}^{tt}\Lambda_{21}^{tt}}\right.
$$

$$
\left.\times\left(\frac{\xi_2-(a+c+2d)/2}{\sqrt{[\xi_2-(a+c+2d)/2]^2-[(c-d)/2]^2}}-1\right)\right]\mathrm{d}\xi_2 \quad (2.22)
$$

其中：

$$
\left.\begin{aligned}
f_{21}^{nn}=f_{21}^{tt}&=-\frac{\xi_1-(a+c+2d)/2}{\sqrt{[\xi_2-(a+c+2d)/2]^2-[(a-d)/2]^2}}-1\\
f_{12}^{nn}=f_{12}^{tt}&=\frac{\xi_2-(a+c+2d)/2}{\sqrt{[\xi_2-(a+c+2d)/2]^2-[(c-d)/2]^2}}-1
\end{aligned}\right\} \quad (2.23)
$$

$$
\left.\begin{aligned}
\Lambda_{21}^{nn}=\Lambda_{21}^{tt}&=\frac{1}{c-d}\int_{\frac{d-c}{2}}^{\frac{c-d}{2}}f_{21}^{nn}\,\mathrm{d}\xi_1=\frac{\sqrt{(d+c)(a+c)}-\sqrt{2d(d+a)}}{c-d}-1\\
\Lambda_{12}^{nn}=\Lambda_{12}^{tt}&=\frac{1}{a-d}\int_{\frac{d-a}{2}}^{\frac{a-d}{2}}f_{12}^{nn}\,\mathrm{d}\xi_2=\frac{\sqrt{(a+c)(a+d)}-\sqrt{2d(d+c)}}{a-d}-1
\end{aligned}\right\}
$$

(2.24)

式(2.15) ～式(2.18) 中，$K_{\mathrm{I}}^{\mathrm{A}}(-d)$、$K_{\mathrm{I}}^{\mathrm{A}}(-c)$、$K_{\mathrm{I}}^{\mathrm{A}}(d)$、$K_{\mathrm{I}}^{\mathrm{A}}(a)$ 分别为在卸荷条件下裂隙 1 和 2 内外尖端的Ⅰ型应力强度因子；$\sigma_1^{\mathrm{C}}(\xi_1)$、$\sigma_2^{\mathrm{C}}(\xi_2)$ 分别为在模型 C 中裂隙 1 和 2 面上的法向伪面力。式(2.19)～式(2.22) 中，$K_{\mathrm{II}}^{\mathrm{A}}(-d)$、$K_{\mathrm{II}}^{\mathrm{A}}(-c)$、$K_{\mathrm{II}}^{\mathrm{A}}(d)$、$K_{\mathrm{II}}^{\mathrm{A}}(a)$ 分别为在卸荷条件下裂隙 1 和 2 内外尖端的Ⅱ型应力强度因子；$\tau_1^{\mathrm{C}}(\xi_1)$、$\tau_2^{\mathrm{C}}(\xi_2)$ 分别为在模型 C 中裂隙 1 和 2

面上的切向伪面力；τ_{xy}^{*1}、τ_{xy}^{*2} 分别为在模型 B 中裂隙 1 和 2 面上的伪面力；a_1 和 a_2 为裂隙 1 和 2 的半长，$a_1=(c-d)/2$，$a_2=(a-d)/2$。

2.4 卸荷条件下单裂隙岩体应力强度因子求解

卸荷条件下单裂隙应力强度因子求解过程和双裂隙求解方法一样，将卸荷条件下单裂隙岩体的应力状态 D 分解为单轴压缩作用下的应力状态 M 和单轴拉伸作用下的应力状态 N，如图 2.10 所示，其中 $\beta+\alpha=90°$。卸荷状态下单裂隙尖端应力强度因子 K^{D} 为：

$$K^{\mathrm{D}}=K^{\mathrm{M}}+K^{\mathrm{N}} \tag{2.25}$$

式中，K^{D} 为卸荷状态下裂隙尖端应力强度因子；K^{M} 为单轴压缩作用下裂隙尖端应力强度因子；K^{N} 为单轴拉伸作用下裂隙尖端应力强度因子。

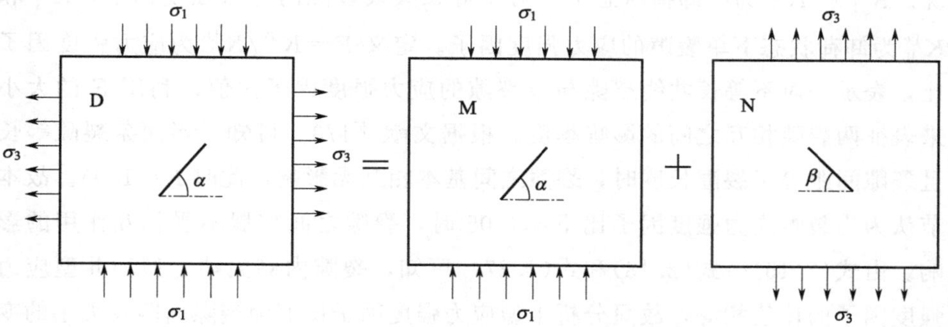

图 2.10 卸荷条件下单裂隙岩体应力等效叠加模型

在单轴压缩状态下，裂隙发生闭合，沿裂隙发生剪切滑动，此时只存在Ⅱ型应力强度因子，则裂隙尖端应力强度因子 $K_{\mathrm{II}}^{\mathrm{M}}$ 为[172]：

$$K_{\mathrm{II}}^{\mathrm{M}}=\sqrt{\pi\lambda}\left[\frac{\sigma_1}{2}\sin(2\alpha)+\tau_{\mathrm{c}}-\mu\sigma_1\cos^2\alpha\right] \tag{2.26}$$

式中，λ 为裂隙半长度；μ 为裂隙面内摩擦系数。

在单轴拉伸状态下，裂隙尖端应力强度因子 K^{N} 为：

$$\left.\begin{aligned}K_{\mathrm{I}}^{\mathrm{N}}&=-\sigma_3\sqrt{\pi\lambda}\sin^2\beta\\K_{\mathrm{II}}^{\mathrm{N}}&=-\sigma_3\sqrt{\pi\lambda}\sin\beta\cos\beta\end{aligned}\right\} \tag{2.27}$$

因此，卸荷条件下单裂隙尖端应力强度因子 K^{D} 为：

$$\left.\begin{aligned}K_{\mathrm{I}}^{\mathrm{D}}&=-\sigma_3\sqrt{\pi\lambda}\sin^2\beta\\K_{\mathrm{II}}^{\mathrm{D}}&=-\sigma_3\sqrt{\pi\lambda}\sin\beta\cos\beta+\sqrt{\pi\lambda}\left[\frac{\sigma_1}{2}\sin(2\alpha)+\tau_{\mathrm{c}}-\mu\sigma_1\cos^2\alpha\right]\end{aligned}\right\}\tag{2.28}$$

式(2.27) 中，$K_{\mathrm{I}}^{\mathrm{N}}$、$K_{\mathrm{II}}^{\mathrm{N}}$ 分别为单轴拉伸作用下裂隙尖端的Ⅰ型和Ⅱ型应力强度因子。式(2.28) 中，$K_{\mathrm{I}}^{\mathrm{D}}$、$K_{\mathrm{II}}^{\mathrm{D}}$ 分别为在卸荷条件下裂隙尖端的Ⅰ型和Ⅱ型应力强度因子。

2.5 卸荷作用下不等长共线裂隙之间相互作用规律分析

裂隙间相互作用对应力强度因子的影响可分为增大、减小、无影响三种情况。$K_{\mathrm{I}}^{\mathrm{A}}$ 和 $K_{\mathrm{II}}^{\mathrm{A}}$ 为在卸荷状态下一对不等长共线裂隙的应力强度因子，$K_{\mathrm{I}}^{\mathrm{D}}$ 和 $K_{\mathrm{II}}^{\mathrm{D}}$ 为卸荷状态下单裂隙的应力强度因子。定义 $F=K^{\mathrm{A}}/K^{\mathrm{D}}$ 为应力强度因子比，表示一对不等长共线裂隙与单裂隙的应力强度因子比值，利用 F 的大小来表征两裂隙相互之间的影响程度。根据文献［173］可知，当两条裂隙等长且裂隙间距等于裂隙长度时，裂隙之间基本相互无影响，此时 $F=1.05$。故本节认为当裂隙应力强度因子比 $F\leqslant 1.05$ 时，裂隙之间扩展不受相互作用的影响。由式(2.15)～式(2.18)和式(2.27) 可知，裂隙内侧尖端Ⅰ型和Ⅱ型应力强度因子的比值相等，故只分析Ⅰ型应力强度因子比值随裂隙间距及大小的变化规律。主要考虑裂隙倾角、间距和长度对裂隙间相互作用的影响规律，不考虑裂隙的充填，将在之后研究中综合考虑裂隙充填与否，裂隙长度、倾角和间距对裂隙间相互作用的影响规律。

2.5.1 裂隙倾角的影响

根据卸荷条件下一对不等长共线裂隙尖端应力强度因子计算式(2.15)～式(2.22) 与单裂隙应力强度因子计算式(2.28) 的比值 F 发现，当裂隙其他几何因素不变时，应力强度因子比 F 与裂隙倾角无关，这表明共线裂隙的相互作用程度不受裂隙倾角的影响。各个裂隙尖端的Ⅰ型奇异随裂隙倾角的不断增大而逐渐减小，裂隙水平共线时的Ⅰ型应力强度因子最大。Ⅱ型奇异随裂隙倾角的增大先增大后减小，在裂隙倾角为 45°时，Ⅱ型应力强度因子最大。

2.5.2 裂隙间距的影响

保持裂隙长度恒定，改变裂隙间距，分析裂隙间距对裂隙相互作用的影响规律。如图 2.11 所示为 $a_1=2a_2=0.8$ 时裂隙尖端Ⅰ型应力强度因子比 F 随裂隙间距 $2d$ 的变化规律。由图可知，两裂隙存在时其尖端的应力强度因子大于单裂隙，F 随裂隙间距的增加而减小，表明裂隙之间的相互作用随裂隙间距的增大而不断减小。大裂隙外尖端 F 随裂隙间距变化最小，即受裂隙之间相互作用影响最小。小裂隙内侧 F 随裂隙间距变化最大，即受裂隙之间相互作用影响最大。当 $2d=0.8$ 时，即裂隙间距等于小裂隙长度时，大裂隙 $F\leqslant 1.05$，表明大裂隙的扩展几乎不受小裂隙影响。当 $2d=1.6$ 时，即裂隙间距等于大裂隙长度时，小裂隙 $F\leqslant 1.05$，表明小裂隙扩展几乎不受大裂隙影响。

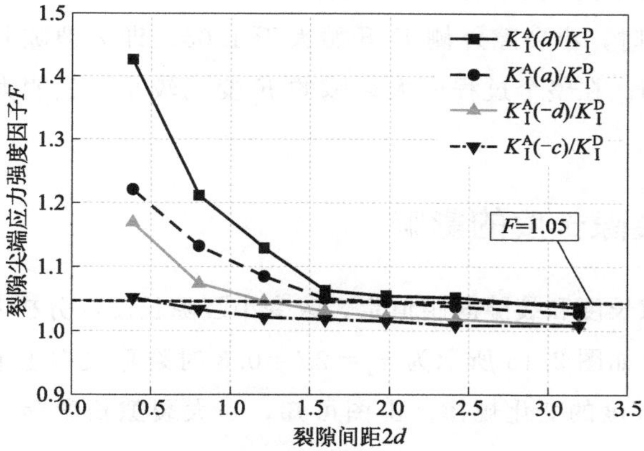

图 2.11　应力强度因子比 F 随裂隙间距 $2d$ 的变化关系图

2.5.3 大裂隙长度的影响

保持小裂隙长度和裂隙间距恒定，改变大裂隙长度，分析大裂隙长度对裂隙相互作用的影响规律。如图 2.12 所示为 $2d=a_2=0.4$ 时裂隙尖端Ⅰ型应力强度因子比 F 随大裂隙长度的变化规律。由图可知，当裂隙间距等于小裂隙长度时，小裂隙的 F 随大裂隙长度的增加几乎呈线性增长，裂隙内侧的 F 稍大于外侧的，而大裂隙的 F 变化幅度不大，这表明大裂隙对小裂隙的影响程度随大裂隙长度的增加而呈现线性增加，且内侧稍大于外侧。当 $2a_1\geqslant 0.4$ 时，即大裂隙长度开始大于裂隙间距时，小裂隙内侧 F 开始大于 1.05，即大

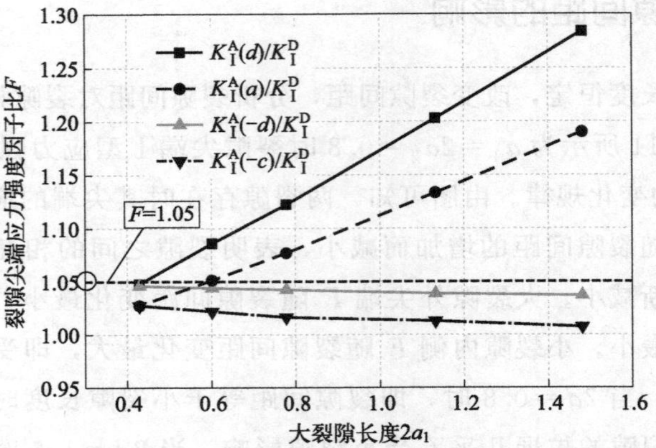

图 2.12　应力强度因子比 F 随大裂隙长度 $2a_1$ 的变化关系

裂隙开始对小裂隙内侧扩展产生影响。当 $2a_1 \geqslant 0.6$ 时，即大裂隙长度等于1.5倍裂隙间距时，小裂隙外侧 F 开始大于1.05，即大裂隙开始对小裂隙外侧扩展产生影响。在整个过程中大裂隙的 F 变化较小，表明大裂隙受小裂隙影响较小。

2.5.4　小裂隙长度的影响

保持大裂隙长度和裂隙间距恒定，改变小裂隙长度，分析其对裂隙相互作用的影响规律。如图2.13所示为 $a_1 = 2d = 0.3$ 时裂隙尖端Ⅰ型应力强度因子比 F 随大裂隙长度的变化规律。由图可知，当大裂隙长度等于2倍裂隙间距

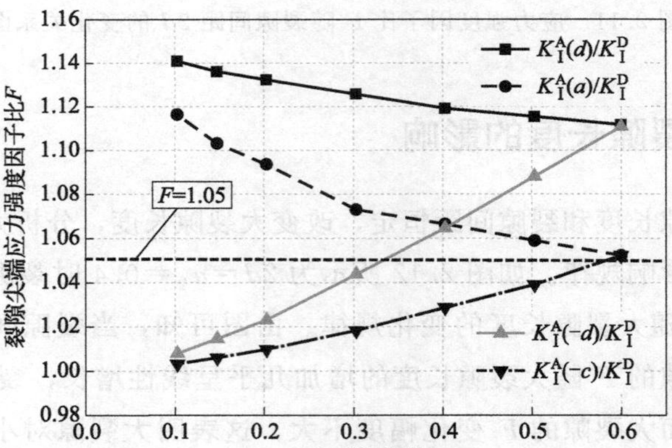

图 2.13　应力强度因子比 F 随小裂隙长度 $2a_2$ 的变化关系

时，大裂隙的 F 随着小裂隙长度的减小而减小，内侧减小幅度大于外侧，这表明随着小裂隙的减小，大裂隙的扩展受小裂隙的影响减小，但是内侧影响大于外侧。当小裂隙长度等于大裂隙长度时，两裂隙内外尖端 F 相等，即裂隙之间的影响程度相同。当 $2a_2 \leqslant 0.3$ 时，即小裂隙长度等于裂隙间距时（大裂隙半长），大裂隙的 F 开始小于 1.05，即大裂隙的扩展开始不受小裂隙影响。

2.6 边坡岩体端部裂隙卸荷断裂力学模型

2.3 节和 2.4 节中对边坡岩体强卸荷区内部裂隙尖端应力强度因子的求解过程作了详细推导。在边坡工程现场，岩体在外界荷载扰动下，在坡顶和台阶顶部形成后缘张拉裂隙，下部形成蠕滑裂隙，后缘张拉裂隙和下部蠕滑裂隙之间的区域定义为锁固段[174]，这就是典型的“三段式”滑坡，在工程中非常常见，具体如图 2.14 左所示。中部锁固段对边坡整体及局部稳定性起控制作用。因此，揭示开挖卸荷下岩体边缘裂隙扩展机制和中部锁固段岩桥贯通破坏模式，对于岩质边坡开挖设计和安全施工具有重要指导意义，本节着重介绍边缘裂隙扩展机制。

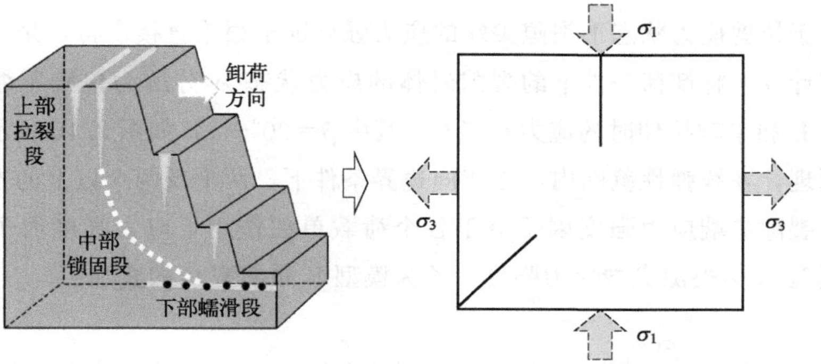

图 2.14　卸荷条件下岩石端部裂隙扩展概化模型

具体分析原理跟含内部裂隙时相同，边坡岩体在开挖之前受到垂直应力 σ_1 和水平应力 σ_3 的作用（不考虑中间主应力的影响）。开挖后，应力路径发生了改变，竖直方向仍受 σ_1 的作用，而水平方向由之前的压应力转变成拉应力作用，岩体应力状态由压剪应力状态转变成拉剪应力状态，受力状态如图 2.14 右所示。

2.7 岩体卸荷端部裂隙应力强度因子求解

对试样受力状态作二维断裂力学分析，把试样剖面看作一个无限体平面问题，其中含有长度为 $2a$ 的下部倾斜裂隙和上部垂直裂隙，其受力状态如图 2.15 所示。下部裂隙与水平方向的夹角为 α，σ_n 和 τ_n 分别为裂隙面上法向应力和切向应力。

$$K^{\mathrm{A}}=K^{\mathrm{B}}+K^{\mathrm{C}} \tag{2.29}$$

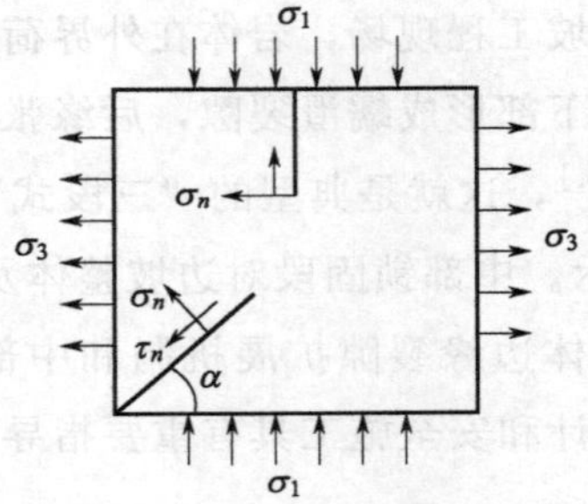

图 2.15　卸荷裂隙扩展力学模型

由于拉剪应力状态下裂隙尖端的应力强度因子很难直接求得，采用叠加原理进行计算。将卸荷条件下的裂隙岩体的应力状态 A 分解为单轴压缩时的应力状态 B 和单轴拉伸时的应力状态 C，其中 $\beta=90°-\alpha$，如图 2.16 所示。根据叠加原理，在线弹性范围内，在相同边界条件下，两个及两个以上的不同荷载作用下裂隙尖端应力强度因子等于各个荷载单独作用下应力强度因子的代数和。模型 A 中裂隙尖端应力强度因子为模型 B 和模型 C 的叠加。

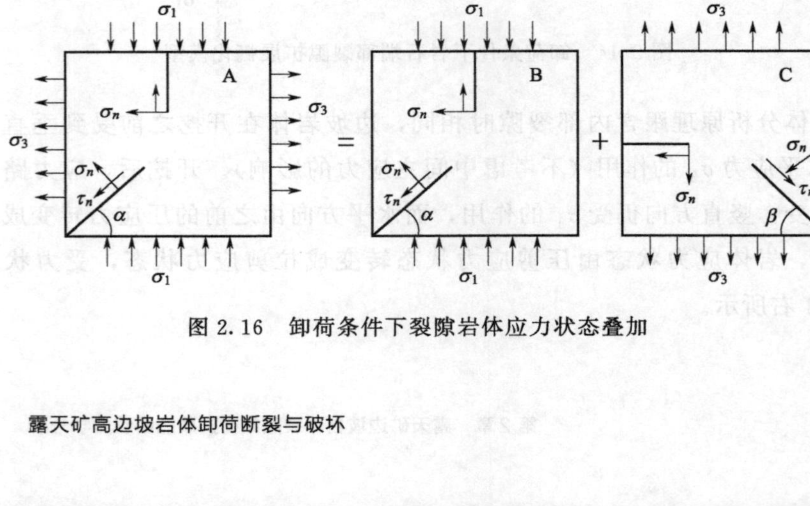

图 2.16　卸荷条件下裂隙岩体应力状态叠加

根据上述分解原理，模型B和C中上端部裂隙在拉应力作用下垂直向下扩展，下端部裂隙尖端应力强度因子跟2.4节中内部单裂隙求解结果相同，这里不再阐述。

2.8 本章小结

本章针对露天矿边坡开挖卸荷过程，提出卸荷分区，通过相关案例进行了验证。基于经典Kachanov法和叠加原理，推导了强卸荷区岩体内部和端部裂隙尖端应力强度因子表达式，分析了内部两裂隙之间相互作用规律，得到如下结论：

① 将边坡岩体沿水平方向从坡面向里依次划分为强卸荷区、弱卸荷区和原岩区。

② 基于经典Kachanov法和叠加原理，推导了强卸荷区岩体内部和端部裂隙尖端应力强度因子表达式。

③ 共线裂隙的相互作用程度不受裂隙倾角的影响。各个裂隙尖端的Ⅰ型奇异随裂隙倾角的不断增大而逐渐减小，裂隙水平共线时的Ⅰ型应力强度因子最大。Ⅱ型奇异随裂隙倾角的增大先增大后减小，在裂隙倾角为45°时，Ⅱ型应力强度因子最大。

④ 卸荷条件下裂隙间距对裂隙之间相互作用规律有重要影响。裂隙间距开始大于任一裂隙长度时，该裂隙几乎不影响另一裂隙扩展。

⑤ 卸荷条件下裂隙长度对裂隙之间相互作用规律有重要影响。裂隙长度大于裂隙间距时，该裂隙开始影响另一裂隙扩展。裂隙长度小于裂隙间距时，该裂隙几乎不影响另一裂隙扩展。

第3章 岩石裂隙扩展的类岩石材料卸荷试验

第 2 章从理论角度针对边坡强卸荷区裂隙扩展机制进行了阐述，本章结合露天矿边坡岩体的卸荷应力路径，针对预制内部和端部裂隙的类岩石材料试样，借助真三轴力学伺服试验系统，开展双轴加卸载试验，并利用高速摄影实时跟踪分析系统，分析裂隙试样的裂隙扩展演化特征和贯通破坏模式，探讨含内部裂隙试样裂隙之间的相互作用规律和含端部裂隙试样在不同卸荷速率下的力学性质变化规律，将试验结果与第 2 章理论计算结果进行对比分析。

3.1 试验试样制备与方案

本次试验基于图 2.1 中边坡破坏区岩体开挖前后的应力路径，从平面应变的角度（不考虑中间主应力的影响），通过双轴加卸载试验模拟边坡的开挖卸荷过程，分析卸荷岩体内部非贯通不等长共线断续裂隙的扩展演化情况。试验在中国矿业大学（北京）深部岩土力学与地下工程国家重点实验室的 MS-500 型三轴冲击岩爆试验系统上进行，其可实现六个面独立控制加卸载，并实时记录试验过程中的三向应力数据。试验过程系统布置如图 3.1 所示，采用 SA-5 型高速摄影机对试件破坏全过程进行图像采集。

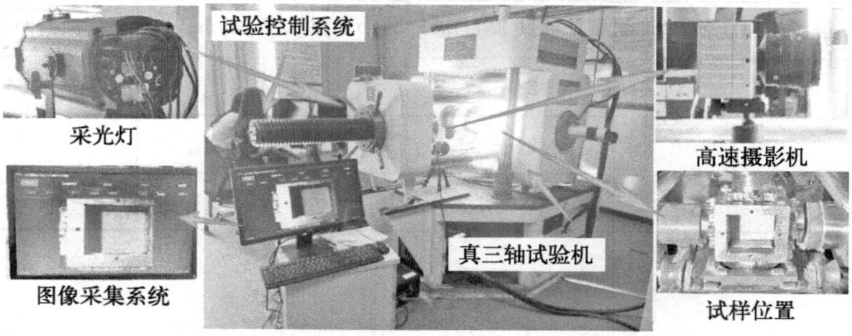

图 3.1　真三轴卸载试验系统

3.1.1　试验试样制备

本次试验采用水泥砂浆为模型配比材料，由 425 号普通硅酸盐水泥、标准砂、水按质量比 1∶2.35∶0.5 配制而成，其完整试件力学参数如表 3.1 所示。由文献［172］可知，所用配比材料标准试件力学参数与砂岩相近。裂隙采用厚度为 0.5mm 的高强薄钢片制作。将材料按配比质量混合搅拌均匀后，倒入模具中浇筑预定配合比的试验试块，在材料初凝前抽出钢片，并室温内静置养护 12h 脱模，然后在养护室内养护 28 天，脱模检查裂隙的平整度和贯穿性并打磨平整，试件制作完毕。试件尺寸为 110mm×110mm×30mm。

表 3.1　完整试件及砂岩力学参数

材料	密度/(kg/m^3)	弹性模量/GPa	抗压强度/MPa	抗拉强度/MPa	泊松比
试件	2350	15.2	55	23	0.15
砂岩	2000～2600	10～100	20～200	4～25	0.2～0.3

(1) 含内部裂隙试样尺寸

试样设计方案及裂隙尺寸如图 3.2 和表 3.2 所示。

表 3.2　试件中裂隙几何参数

试件	裂隙倾角 α/(°)	大裂隙长度 $2a_1$/mm	小裂隙长度 $2a_2$/mm	裂隙间距 $2d$/mm
1	45	24	12	6
2	45	24	12	12

续表

试件	裂隙倾角 α/(°)	大裂隙长度 $2a_1$/mm	小裂隙长度 $2a_2$/mm	裂隙间距 $2d$/mm
3	45	24	12	24
4	45	36	12	12
5	75	24	12	12

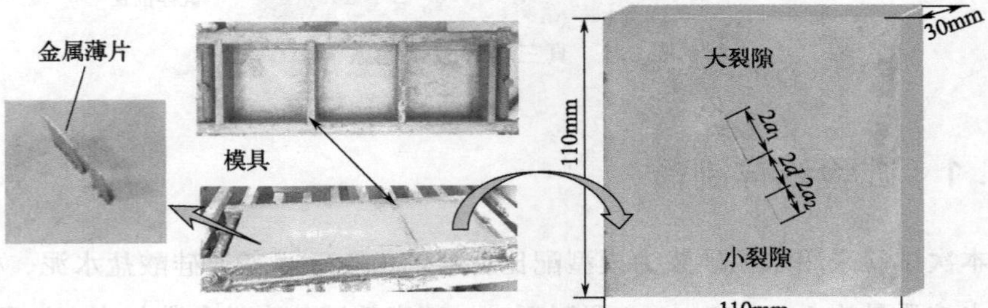

图 3.2　预制试验试件模具及试件尺寸

(2) 含端部裂隙试样尺寸

试验共设计 3 个岩桥长度，每个岩桥长度设计 4 种卸荷速率，具体如表 3.3 和图 3.3 所示，每种速率试验独立重复 3 次，以降低试验结果的离散性。

图 3.3　预制试验试件模具及试件尺寸

表 3.3　不同卸荷速率试验方案

岩桥长度/mm	卸荷速率/(kN/s)			
50	0.2	0.8	1.5	3.0
60	0.2	0.8	1.5	3.0
70	0.2	0.8	1.5	3.0

3.1.2　试验方案

(1) 含内部裂隙试样卸荷试验方案

为模拟边坡开挖过程，本次试验采用双轴卸荷，不考虑中间主应力的影响，试验中应力方向设置如图 3.4(a) 所示，具体应力路径如图 3.4(b) 所示。每组试验独立重复 3 次，以降低试验结果的离散性，试验具体操作步骤为：

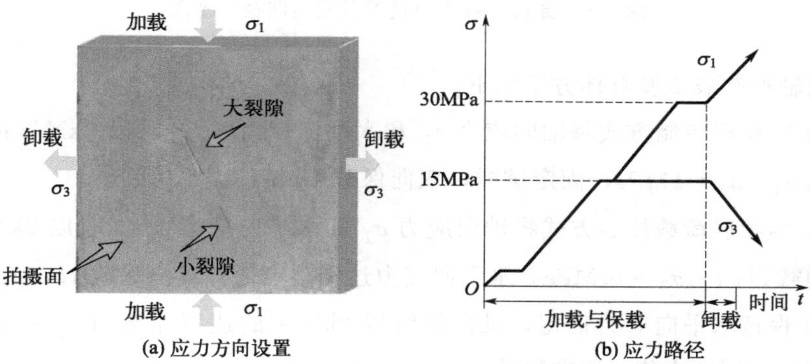

图 3.4　试验应力设置及应力路径示意图

① 以位移控制方式将轴向应力 σ_1 和水平向应力 σ_3 同时以 0.004mm/s 的速率加载到 $\sigma_1=\sigma_3=1$MPa，固定试件，双向保载 1min；

② 继续以荷载控制方式将轴向应力 σ_1 和水平向应力 σ_3 同时以 0.5kN/s 的速率加载到 $\sigma_1=\sigma_3=15$MPa，水平向应力达到预定值，双向保载 1min；

③ 保持水平向压力不变，轴向继续以荷载控制的方式、0.5kN/s 的速率加载到 $\sigma_1=30$MPa，轴向应力达到预定值，双向保载 1min；

④ 以 0.5kN/s 的速率卸载 σ_3，同时轴向继续以 0.5kN/s 的速率加载，直到试件破坏，结束试验。

(2) 含端部裂隙试样卸荷试验方案

本试验基于示边坡岩体开挖前后的应力路径，从平面应变的角度（不考虑中间主应力的影响)，通过双轴单面卸荷试验模拟边坡开挖卸荷过程，分析卸荷条件下中部锁固岩桥的破裂演化过程。为模拟前缘裂隙充填效应，用石膏与标准砂的混合物将裂隙充填。试验中应力方向设置如图 3.5(a) 所示，具体应力路径如图 3.5(b) 所示。

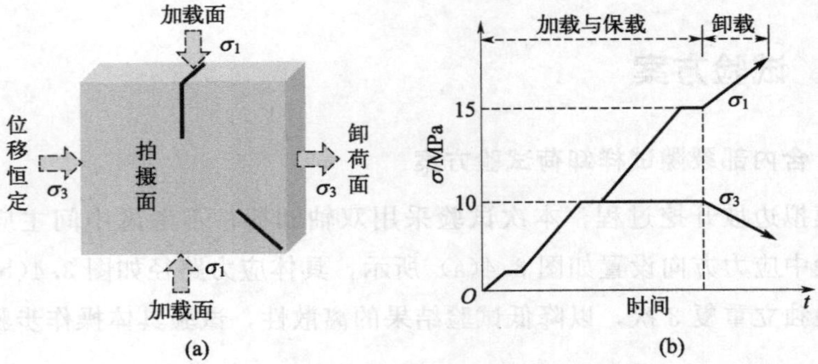

图 3.5 卸荷过程应力设置及应力路径示意图

双轴加卸载试验具体方案如下：

① 以荷载控制方式将轴向应力 σ_1 和水平向应力 σ_3 同时以 2kN/s 的速率加载到 $\sigma_1=\sigma_3=1$MPa，固定试样，双向保载 1min；

② 继续以荷载控制方式将轴向应力 σ_1 和水平向应力 σ_3 同时以 2kN/s 的速率加载到 $\sigma_1=\sigma_3=10$MPa，水平向应力达到预定值，双向保载 1min；

③ 保持水平向应力恒定，轴向继续以 2kN/s 的速率加载到 $\sigma_1=15$MPa，轴向应力达到预定值，双向保载 1min；

④ 轴向 σ_1 以位移控制，即以 0.004mm/s 的速率加载，同时水平方向 σ_3 以荷载控制方式，以试验方案中所设计速率卸载，并保持卸荷面对面加载压头的位移不变。如果试样在水平向卸荷至 0 时破坏，结束试验；如果水平向卸荷至 0 时试样还没有破坏，则轴向继续加载，直到试样破坏，结束试验。

3.2 含内部裂隙的类岩石材料卸荷试验结果分析

3.2.1 裂隙扩展过程分析

试验结束后观测试件裂隙破坏情况，如果在裂隙破裂面上有明显的摩擦痕迹，则认为是剪切裂隙（也可称为剪裂隙）。如果有张拉破坏痕迹，没有明显摩擦痕迹，则认为是张拉裂隙（也可称为拉裂隙）。拉裂隙与剪裂隙的形态区别如图 3.6 所示。

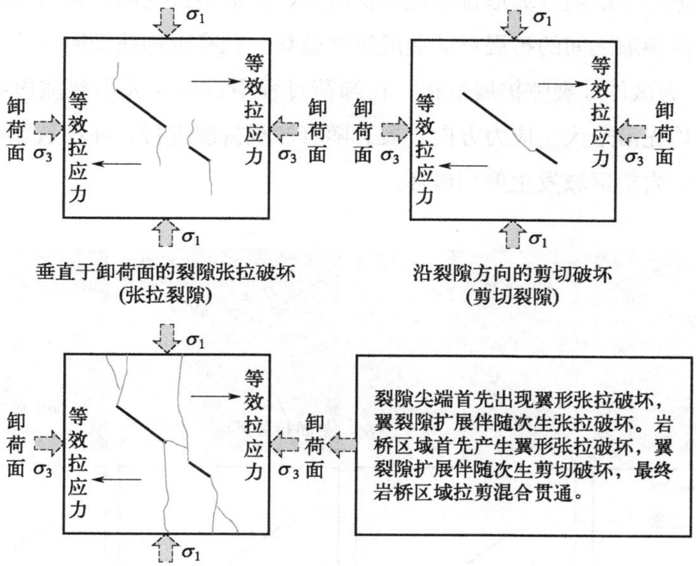

图 3.6　裂隙扩展类型

如图 3.7 所示为不同试验方案试件裂隙扩展过程，图（a）为试件 1 裂隙扩展过程，在卸荷过程中，首先在小裂隙内外尖端和大裂隙内尖端产生翼形拉裂隙，大裂隙外尖端延后起裂。随着卸载持续进行，翼形拉裂隙沿着最大主应力方向扩展，在中间岩桥区域产生剪切裂隙，翼形拉裂隙与剪裂隙相互扩展造成岩桥拉剪贯通。进一步地在小裂隙外尖端随着翼形拉裂隙的扩展而产生次生拉裂隙。最后裂隙之间相互贯通而形成局部脱落区，造成试件破坏。靠近卸荷面附近集中产生次生拉裂隙。图（b）为试件 2 裂隙扩展过程，在卸荷过程中，首先在大裂隙内尖端和小裂隙内尖端产生翼形拉裂隙，且在中间岩桥区域产生剪切裂隙，小裂隙和大裂隙外尖端延后起裂。进一步翼形拉裂隙沿着最大主应力方向扩展，卸荷面附近集中产生拉裂隙。最后小裂隙外尖端剪切裂隙与拉裂隙贯通而形成局部域脱落区，造成试件破坏。图（c）为试件 3 裂隙扩展过程，在卸荷过程中，首先在大裂隙内外尖端和小裂隙外尖端先后萌生翼形拉裂隙且均先沿最大主应力方向扩展，但是大裂隙两端产生的翼形拉裂隙均向上扩展。随着卸载持续进行，两裂隙外尖端继续沿着最大主应力方向扩展，中间岩桥区域并没有发生贯通。在大裂隙尖端随着翼形拉裂隙的扩展而产生次生拉裂隙。最终裂隙之间相互贯通形成局部脱落区，造成试件破坏。图（d）为试件 4 裂隙扩展过程，在卸荷过程中首先在小裂隙内外尖端先后萌生翼形拉裂隙且均先沿最大主应力方向扩展。随着卸载持续进行，在大裂隙外尖端随着翼形拉裂隙的扩展而产生次生拉裂隙，岩桥区域发生剪切破坏。最后拉裂隙之间的扩展贯通造成试件破坏。在靠近卸荷面附近萌生许多拉裂隙。图（e）为试件 5 裂隙扩展过程，在卸荷过程中首先在大小裂隙内尖端萌生翼形拉裂隙且均先沿最大主应力方向扩展。随着卸载持续进行，在小裂隙中间部位产生次生裂隙，岩桥区域发生剪切破坏。

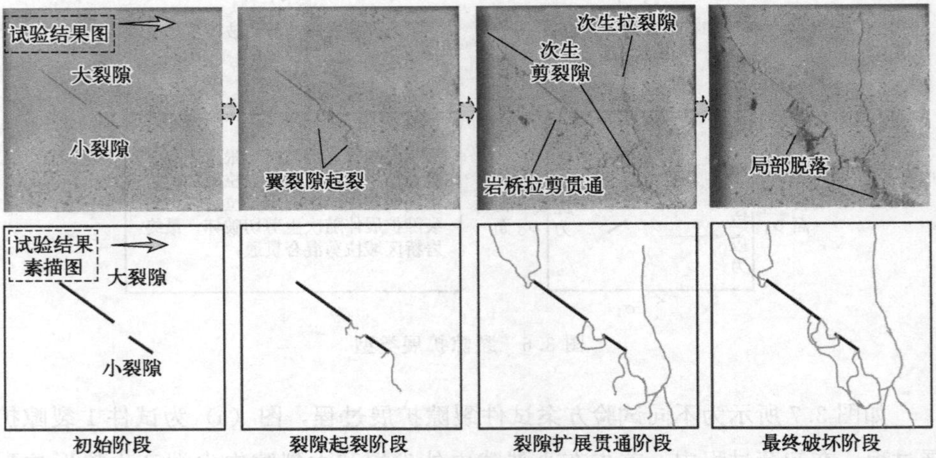

(a) 试件1：$\alpha=45°$，$2a_1=24\text{mm}$，$2a_2=12\text{mm}$，$2d=6\text{mm}$

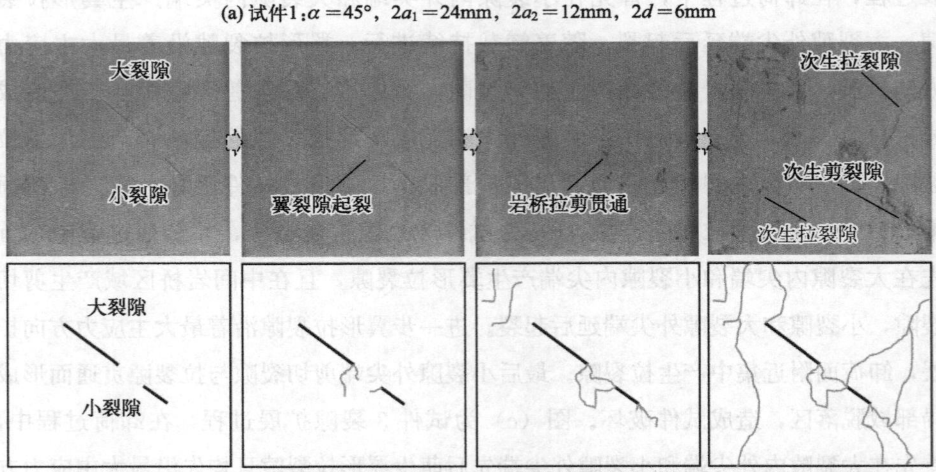

(b) 试件2：$\alpha=45°$，$2a_1=24\text{mm}$，$2a_2=12\text{mm}$，$2d=12\text{mm}$

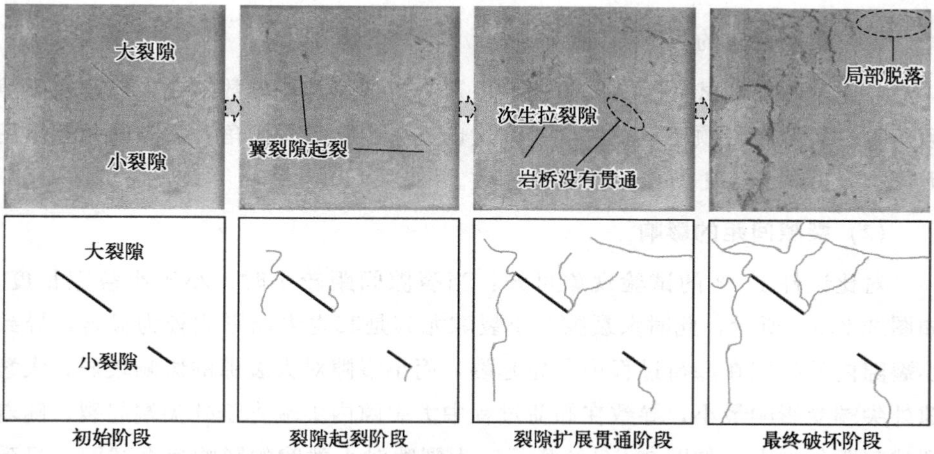

(c) 试件3：$\alpha=45°$，$2a_1=24\text{mm}$，$2a_2=12\text{mm}$，$2d=24\text{mm}$

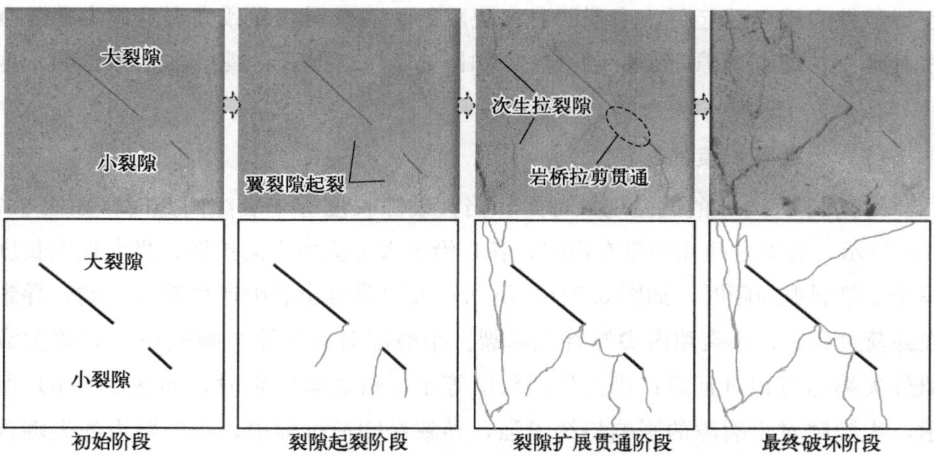

(d) 试件4：$\alpha=45°$，$2a_1=36\text{mm}$，$2a_2=12\text{mm}$，$2d=12\text{mm}$

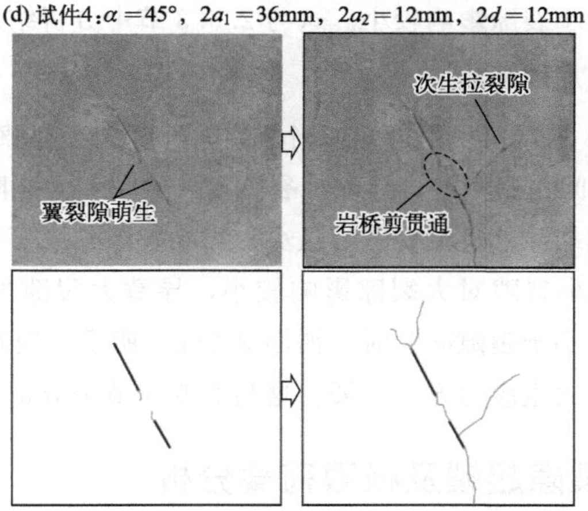

(e) 试件5：$\alpha=75°$，$2a_1=24\text{mm}$，$2a_2=12\text{mm}$，$2d=12\text{mm}$

图 3.7　试验各试件裂隙扩展过程

(1) 裂隙倾角的影响

对比试件 2 和试件 5 的试验现象可知：当裂隙其他参数不变，只改变裂隙倾角时，裂隙起裂顺序不发生改变，这也进一步验证了倾角对裂隙间相互作用无影响。这与 2.5.1 节中分析结果一致。

(2) 裂隙间距的影响

对比试件 1～3 的试验现象可知：当裂隙间距较小时，小于小裂隙长度，如图 3.7(a) 所示，此时大裂隙对小裂隙尤其是其内尖端影响较为显著，导致小裂隙内外尖端在卸荷过程中最先起裂，而小裂隙对大裂隙的影响较弱，大裂隙外尖端受影响最小，导致在卸荷过程中大裂隙内尖端先于外尖端起裂；随着裂隙间距的增大，如图 3.7(b) 所示，大裂隙对小裂隙的影响逐渐减弱，导致小裂隙外尖端延后起裂。小裂隙对大裂隙的影响减弱，导致大裂隙外尖端起裂相对延后；随着裂隙间距持续增大，如图 3.7(c) 所示，裂隙彼此无影响，这与 2.5.2 节中分析结果一致。

(3) 大裂隙长度的影响

对比试件 2～4 的试验现象可知：当大裂隙长度等于裂隙间距时，如图 3.7(c) 所示，裂隙之间几乎没有影响，各自沿最大主应力方向扩展；当大裂隙长度等于 2 倍裂隙间距时，如图 3.7(b) 所示，大裂隙对小裂隙产生较大影响，导致在卸荷过程中，小裂隙内尖端首先起裂。小裂隙对大裂隙影响较小，导致大裂隙外尖端起裂相对延后；当大裂隙长度等于 3 倍裂隙间距时，如图 3.7(d) 所示，大裂隙对小裂隙的影响持续增强，导致在卸荷过程中，小裂隙内外尖端首先起裂。大裂隙受小裂隙影响较小。这与 2.5.3 节中分析结果一致。

(4) 小裂隙长度的影响

根据试件 1～3 的试验现象可知：当小裂隙长度大于裂隙间距时，如图 3.7(a) 所示，裂隙之间作用明显，导致小裂隙内外尖端和大裂隙内尖端在卸荷过程中最先起裂。大裂隙外尖端受影响最小；当小裂隙长度等于裂隙间距时，如图 3.7(b) 所示，小裂隙对大裂隙影响较小，导致大裂隙外尖端起裂相对延后；当小裂隙长度小于裂隙间距时，如图 3.7(c) 所示，裂隙相互之间几乎没有影响，各自沿最大主应力方向扩展。这与 2.5.4 节中分析结果一致。

3.2.2 试样裂隙起裂及极限荷载分析

在岩质高边坡的设计中，经常需要对岩体强度进行评价，在现场破坏过程中难以获得节理岩体的起裂及极限荷载，通过室内试验可以提供有效的参考。3.2.1节分析了不同节理分布的岩体裂隙扩展和贯通特征。可以看出，不同裂隙分布形态对试件破坏具有复杂的影响。这里着重讨论裂隙分布形态对试件起裂及极限强度的影响。

根据图 3.8 的试件应力-应变曲线能够明显看出试件在完全破坏前发生两次突降，第一次为裂隙尖端翼裂隙起裂，第二次为翼裂隙搭接、贯通，次生裂隙发育、扩展，裂隙的起裂扩展过程能够与应力-应变曲线很好地对应。

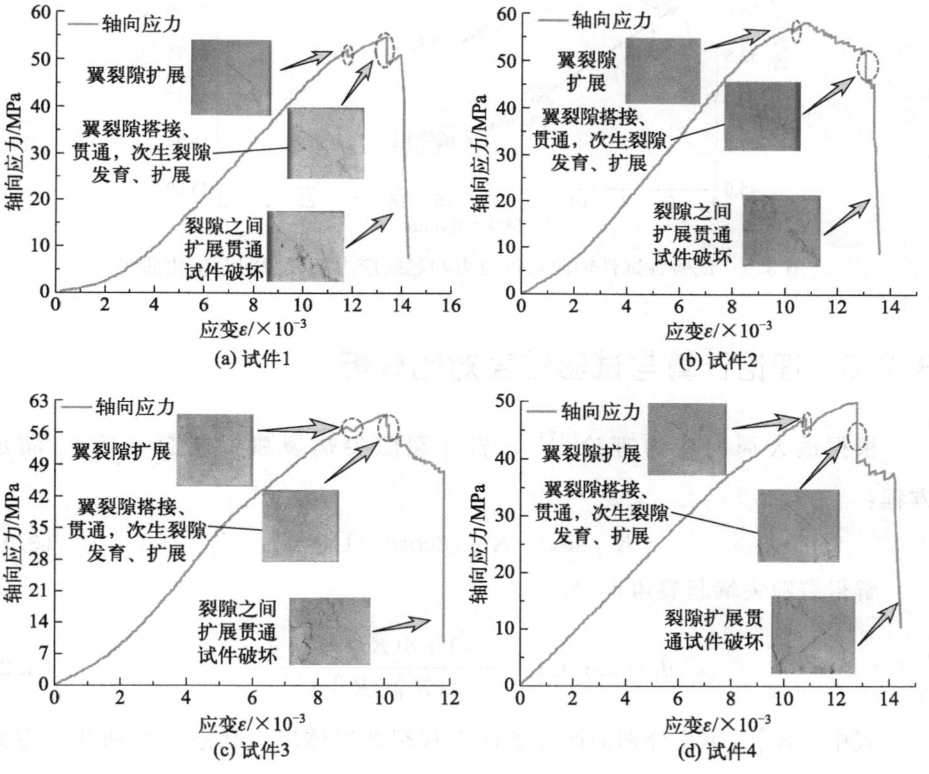

图 3.8　试验各试件轴向应力-应变曲线

由图 3.9 可知：试件 1～4 的轴向峰值应力分别为 55.1MPa、57.8MPa、60.2MPa 和 50.3MPa，轴向起裂应力分别为 47.9MPa、50MPa、51.1MPa 和 46.8MPa，试件 4 的轴向峰值荷载与轴向起裂荷载均小于其他试件，主要是方案四大裂隙长度较大所致，这也进一步说明裂隙的间距、大小等对试件的破坏有着重要的影响。对比试件 1～4 可知，当裂隙大小一定时，随着裂隙间距的增加，试件的起裂应力和峰值应力不断增加，这主要是因为裂隙之间的相互作用随裂隙间距的增加而减小，裂隙尖端起裂较为困难。其他对比方案与前面研究规律一致，这里不再赘述。

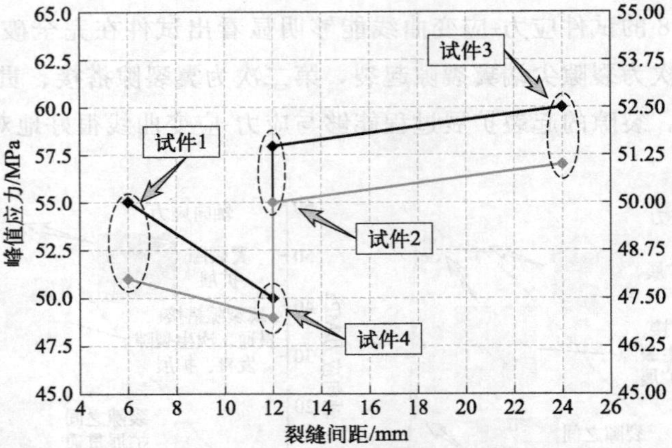

图 3.9　试验各试件轴向峰值应力和起裂应力随裂隙间距变化曲线

3.2.3　理论计算与试验结果对比分析

根据最大周向应力理论[173]，岩体裂隙尖端裂隙扩展起裂角 θ_0 满足方程：

$$K_{\mathrm{I}}\sin\theta+K_{\mathrm{II}}(3\cos\theta-1)=0 \tag{3.1}$$

解得裂隙尖端起裂角 θ_0 为：

$$\theta_0=2\arctan\frac{1-\sqrt{1+8(K_{\mathrm{II}}^{\mathrm{A}}/K_{\mathrm{I}}^{\mathrm{A}})^2}}{4(K_{\mathrm{II}}^{\mathrm{A}}/K_{\mathrm{I}}^{\mathrm{A}})} \tag{3.2}$$

式中，$K_{\mathrm{I}}^{\mathrm{A}}$、$K_{\mathrm{II}}^{\mathrm{A}}$ 分别为卸荷条件下双裂隙岩体应力状态Ⅰ型和Ⅱ型应力强度因子，可通过式(2.15)～式(2.24) 计算求得。

试验过程中，高速摄影拍摄与加卸载同步进行，通过高速摄影观察裂隙起裂并记录起裂时刻，此时刻与应力-应变曲线对照近似地确定轴向起裂应力 σ_1 的大小。

随着卸载的持续进行，水平方向拉应力 σ_3 不断变化，可通过下式确定：

$$\sigma_3=\sigma_0-\sigma_{3t} \tag{3.3}$$

式中，σ_0 为开始卸载时刻的水平应力值；σ_{3t} 为在试验过程中的高速摄影记录下裂隙起裂时刻所对应的水平应力值。

为定量验证理论推导的可靠性和合理性，将裂隙起裂时刻垂直应力 σ_1 和水平方向应力 σ_3 代入式(2.15)～式(2.24) 求得裂隙尖端应力强度因子，继续将计算结果代入式(3.2) 求得裂隙起裂角 θ_0，并与实际裂隙起裂角进行比较，具体对比结果如表 3.4 所示。

表 3.4 卸荷条件下裂隙起裂位置及起裂角的理论与试验值对比

试件编号	起裂位置	试验实测起裂角/(°)	理论计算起裂角/(°)
试件 1	小裂隙外尖端	41	44.23
试件 2	大裂隙内尖端	37	41.36
试件 3	大裂隙外尖端	37	42.18
试件 4	小裂隙内尖端	44	47.26
试件 5	大裂隙内尖端	40	43.56

表 3.4 为卸荷条件下理论与试验起裂角对比结果，理论计算结果与试验结果在误差允许范围内，这进一步验证了本书理论计算结果的可行性与合理性。

3.3 含端部裂隙的类岩石材料卸荷试验结果分析

3.3.1 试样应力-位移曲线分析

(1) 不同卸荷速率下应力-位移曲线分析

图 3.10 为 3 种不同岩桥长度试样在不同卸荷速率下轴向应力-位移曲线，可以看出，各岩桥试样在不同卸荷速率下的应力-位移曲线呈现大致相似规律，依据裂隙扩展过程可将曲线变化规律大致分为 4 个阶段。

① 原生裂隙压密阶段：此阶段应力-位移曲线明显上凹，主要是试样内部原生裂隙在加压过程中闭合所致；

② 弹性变形阶段：此阶段应力-位移曲线基本呈线性变化；

③ 塑性变形阶段：此阶段裂隙开始起裂、扩展，应力-位移曲线出现“峰前波动”现象，部分裂隙扩展贯通形成宏观裂隙，但是岩桥并没有发生宏观破断，试样仍具有较高承载能力，所以会出现“峰前波动”现象。而在岩桥为

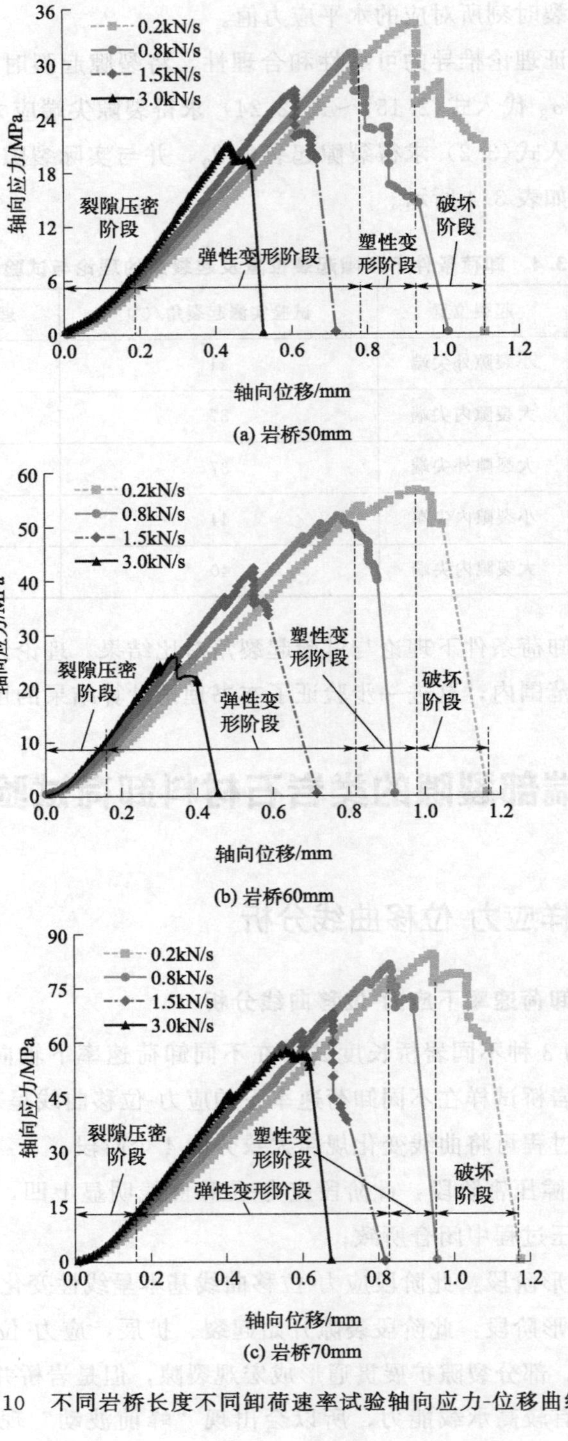

图 3.10　不同岩桥长度不同卸荷速率试验轴向应力-位移曲线

50mm 试样并没有出现这一现象；

④ 破坏阶段：此阶段试样上下裂隙扩展贯通，形成宏观断裂，并在卸荷面附近产生次生拉裂隙，裂隙之间相互搭接贯通，造成应力-位移曲线出现“峰后波动”现象。

由图 3.10 可以看出，卸荷速率对试样的轴向位移和强度影响基本相同，轴向峰值强度和位移随卸荷速率的增大而减小。随着卸荷速率的增大，次生裂隙萌生、稳定扩展阶段（线性变形阶段）斜率增加，即弹性模量增加，裂隙不稳定扩展阶段的变形减小。在裂隙不稳定扩展阶段后期，各试样在应力-位移曲线上表现为应力突降为零，即试样表现出突变失稳现象，这是因为试样在裂隙起裂后，应力达到峰值强度，此时应变能快速释放，并在侧向卸载和轴向加载作用下，次生裂隙之间迅速扩展贯通，试样发生整体贯通性破坏，表现在应力-位移曲线为发生应力陡降，残余强度为零。

（2）不同岩桥长度试样应力-位移曲线分析

以卸荷速率 0.8kN/s 为例，分析不同岩桥长度轴向应力-位移曲线，如图 3.11 所示，试样的峰值强度随岩桥长度的增加而增加，这表明试样的极限承载能力由岩桥长度决定。试样在次生裂隙萌生、稳定扩展阶段的斜率随岩桥长度的增加而增加，这表明岩桥越长，弹性模量越大。

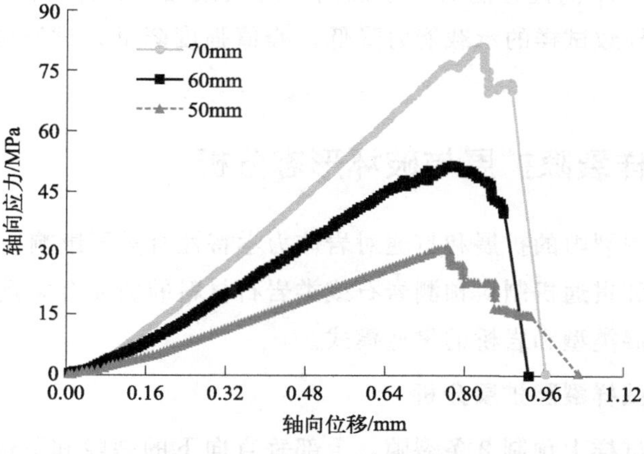

图 3.11　卸荷速率 0.8kN/s 时不同岩桥长度应力-应变曲线

（3）试样轴向峰值应力-位移分析

不同卸荷速率下不同岩桥长度试样轴向峰值强度和峰值位移见图 3.12，

进行不同卸荷速率下试样强度变形分析。从应力-位移曲线看出，曲线存在“多峰值”现象，后面将单独分析。这里分析取峰值最高点所对应的强度和位移。

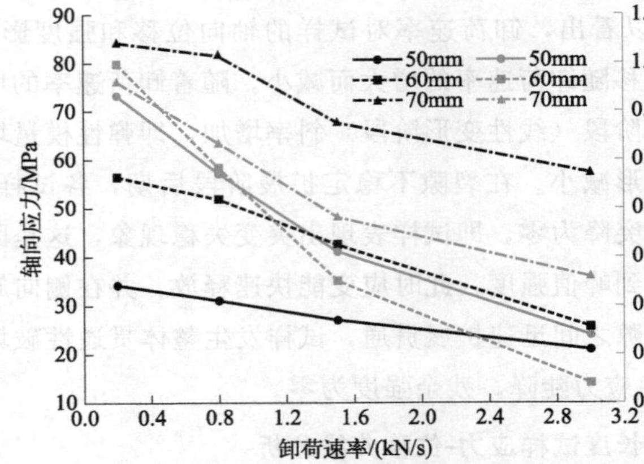

图 3.12 不同岩桥长度试样峰值强度及位移随卸荷速率的变化曲线

图 3.12 为不同岩桥长度试样轴向峰值强度与位移随卸荷速率的变化曲线，可以看出，试样轴向峰值应力和位移随卸荷速率变化规律一致。同一岩桥长度下，随卸荷速率增加，试样破坏时轴向峰值应力和位移减小。究其原因，在同一岩桥长度下，σ_1 向位移随时间增加的幅度大致相同，卸荷速率越快，σ_3 向力急剧减小，导致试样的承载能力降低，峰值强度降低，试样破坏时 σ_1 向位移也减小。

3.3.2 试样裂隙扩展与破坏形态分析

工程岩体中裂隙的扩展和贯通对岩体力学特性有重要影响。深入了解裂隙的萌生、扩展和贯通机制对预测岩石或类岩石材料的破坏至关重要。本小节着重介绍裂隙扩展类型和岩桥的贯通模式。

(1) 岩桥试样裂隙扩展分析

本试验在试样上预制 2 条裂隙，上部垂直向下的裂隙和下部倾角为 45°的裂隙，在试验过程中产生的裂隙较为复杂，根据试样破坏形态和裂隙扩展方式概化出如图 3.13 所示的 6 种裂隙扩展类型。

① 岩桥贯通型：这类裂隙出现在岩桥长度为 50mm 的试样中，见图 3.14(a)。下部裂隙尖端产生向上的剪切裂隙，同时沿着上部预制裂隙产生向下的张拉

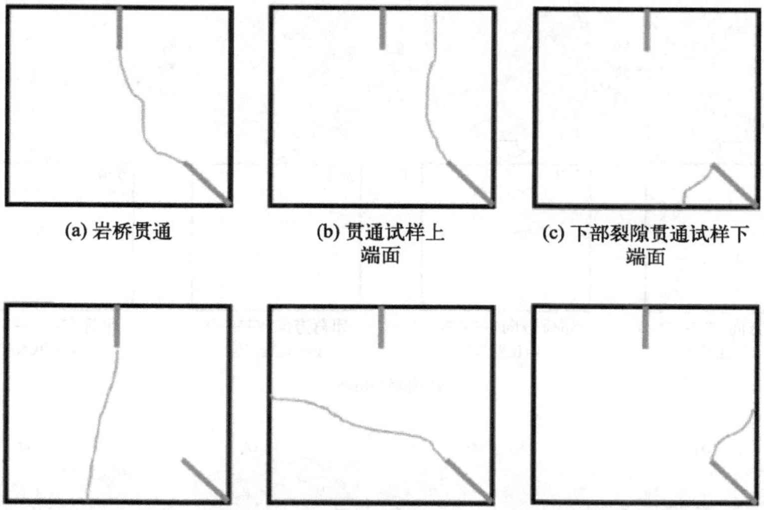

(a) 岩桥贯通　(b) 贯通试样上端面　(c) 下部裂隙贯通试样下端面

(d) 上部裂隙贯通试样下端面　(e) 贯通试样左端面　(f) 贯通试样右端面

图 3.13　岩桥试样裂隙扩展类型

裂隙，张拉裂隙和剪切裂隙不断向中间岩桥部位扩展，并贯通岩桥，试样破坏。

② 贯通试样上端面型：这类裂隙为岩桥试样中典型的裂隙类型，每个试样均存在该类裂隙，见图 3.14。在卸荷过程中，试样下部裂隙尖端产生张拉裂隙或者剪切裂隙。当产生张拉裂隙时，裂隙沿下部裂隙内侧扩展，并与上端面产生的劈裂裂隙贯通。当产生剪切裂纹时，裂隙沿裂隙方向扩展，同样会与上部端面产生的劈裂裂隙贯通。

③ 下部裂隙贯通试样下端面型：这类裂隙主要出现在岩桥长度为 60mm 和 70mm 的试样中，见图 3.14(b) 和 (c)。下部裂隙尖端产生向下的张拉裂隙，向下的张拉裂隙与试样下端面产生的劈裂裂隙贯通。下部裂隙距离下端面较近，导致在 60mm 和 70mm 岩桥试样中产生向下扩展的张拉裂隙。

④ 上部裂隙贯通试样下端面型：这类裂隙主要出现在岩桥长度为 50mm 和 60mm 的试样中，见图 3.14(a) 和 (b)。上部裂隙尖端产生向下扩展的张拉裂隙，向下扩展的张拉裂隙与试样下端面产生的劈裂裂隙贯通。

⑤ 贯通试样左端面型：这类裂隙主要出现在岩桥长度为 70mm 的试样中，见图 3.14 (c)。在下部裂隙尖端产生沿裂隙方向的剪切裂隙，同时在轴向卸荷作用下产生水平方向的剪切裂隙，最终贯通试样左端面。

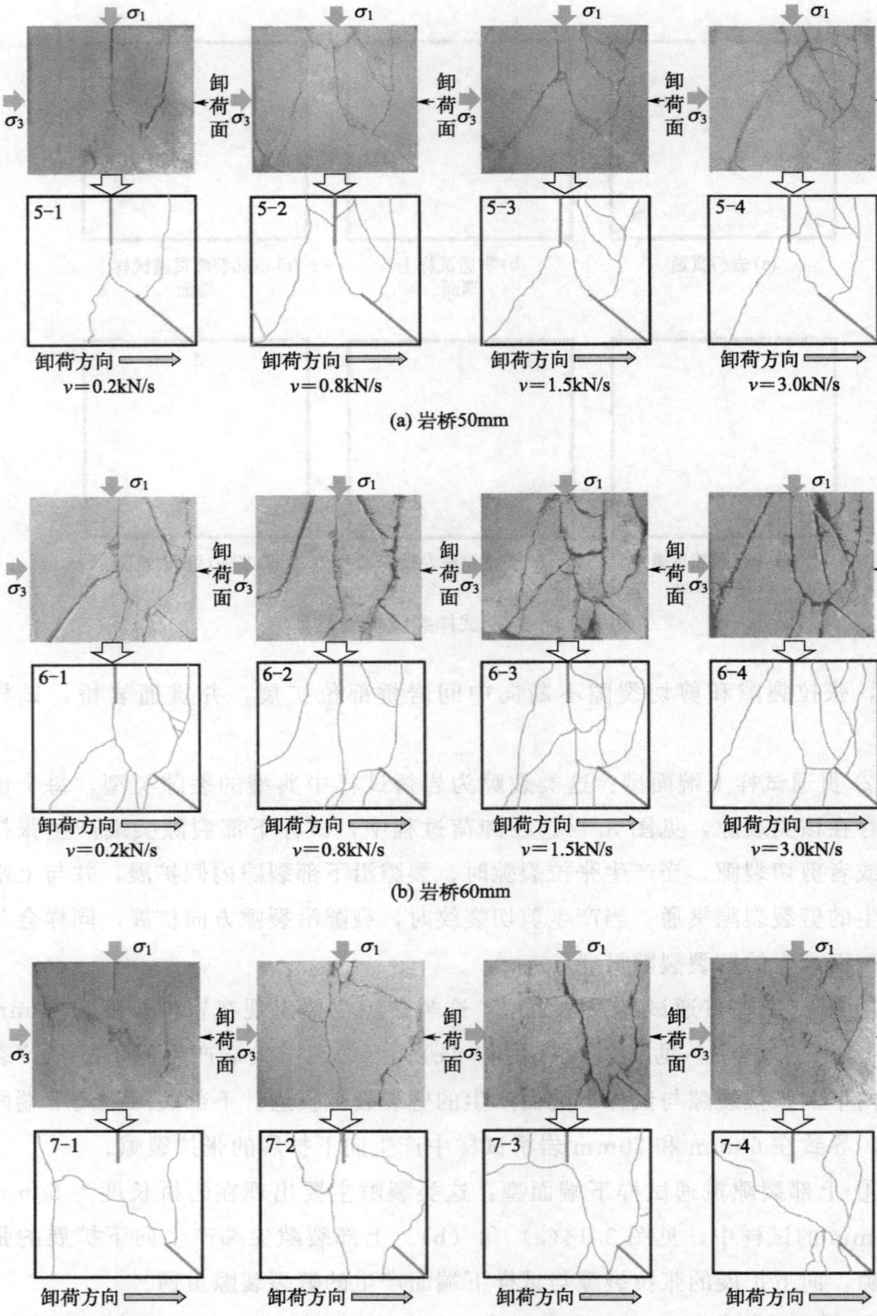

图 3.14　不同卸荷速率下试样破坏形态

⑥ 贯通试样右端面型：这类裂隙主要出现在岩桥长度为 70mm 的试样中，见图 3.14(c)。在轴向和卸围压作用下，下部裂隙尖端产生向卸荷方向扩展的剪切裂隙，最终贯通试样右端面。

(2) 岩桥试样破坏形态分析

上述试验结果表明，在不同岩桥长度和不同卸荷速率下，试样破坏模式表现出一定的差异。试样破坏形态由 3.4.1 节中 6 种裂隙扩展类型组成。

图 3.14(a) 为岩桥长度 50mm 的试样破坏形态图，可概括为图 3.15(a) 中①、②和④类组合破坏模式。低卸荷速率（0.2kN/s、0.8kN/s）下，下部预制裂隙产生的张拉或剪切裂隙与上部预制裂隙产生的张拉裂隙贯通，同时下部预制裂隙产生的张拉裂隙与试样上端面产生的劈裂裂隙贯通，试样为①、②类组合破坏模式。随着卸荷速率的增大，出现上部预制裂隙产生的张拉裂隙与下端面产生的劈裂裂隙贯通，试样破坏模式变为①、②和④类组合破坏模式。随着卸荷速率的增大，可以明显看出次生拉裂隙的增多。

图 3.14(b) 所示为岩桥长度 60mm 的试样破坏形态图，可概括为图 3.15(b) 中①、②、③和④类组合破坏模式。低卸荷速率（0.2kN/s）下，下部预制裂隙产生的张拉或剪切裂隙与试样上下端面产生的劈裂裂隙贯通，同时上部预制裂隙产生的张拉裂隙与试样下端面产生的劈裂裂隙贯通，试样为②、③和④类组合破坏模式。随着卸荷速率的增大，出现上部预制裂隙产生的张拉裂隙与下部预制裂隙产生的张拉裂隙贯通，试样破坏模式变为①、②、③和④类组合破坏模式。

图 3.14(c) 为岩桥长度 60mm 的试样破坏形态图，可概括为图 3.15(c) 中②、③、⑤和⑥类组合破坏模式。低卸荷速率（0.2kN/s）下，下部预制裂隙产生的张拉或剪切裂隙与试样上端面产生的劈裂裂隙贯通，试样破坏比较单一，为②类破坏模式。随着卸荷速率的增大，下部预制裂隙产生的张拉裂隙与试样下端面产生的劈裂裂隙贯通，同时出现下部裂隙贯通试样左右端面的裂隙，试样破坏模式较为复杂，为②和③类、③和⑥类、②③⑤类组合破坏模式。

对比图 3.14 试样在不同卸荷速率下的破坏形态，可以看出，不同岩桥长度试样宏观破断形态存在一定的差异，岩桥为 70mm 时的裂隙数量明显少于岩桥为 50mm 和 60mm 时。不同卸荷速率下的试样宏观破断形态存在差异。高卸荷速率的裂隙数量明显多于低卸荷速率。试样破坏面基本都是沿最大主应力方向发育形成，但具体对应每一个岩桥长度下的裂隙扩展模式和发育程度存在一定差异。随着卸荷速率的增大，三个不同岩桥长度试样都出现沿着最大主

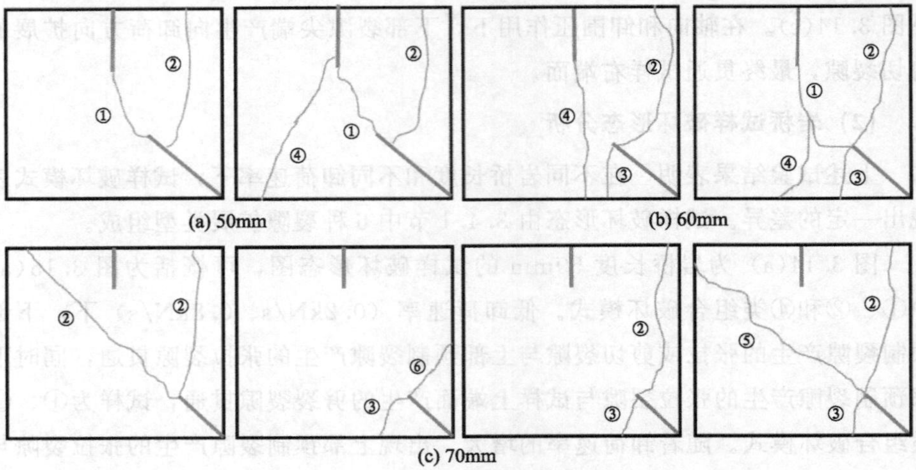

图 3.15　试样破坏模式示意图

应力方向萌生的张拉裂隙，且多集中在卸荷面附近，最终裂隙之间的相互搭接贯通造成试样破坏，在远离卸荷面则会出现一定的剪切裂隙。综上，在卸荷条件下岩桥以拉剪破坏为主，剪切破坏次之，高卸荷速率有利于拉裂隙的形成和发育。

(3) 试样“多峰值”扩展机制分析

将试验过程中高速摄影拍摄到的试样破坏过程与应力-位移曲线对照分析，发现试样在卸荷过程中的多裂隙破坏模式与“多峰值”现象存在必然联系。因此，可通过识别裂隙的扩展贯通顺序来解释出现的“多峰值”现象。限于篇幅，选取卸荷速率为 0.8kN/s 下三个不同岩桥长度的试样进行分析，结果如表 3.5 所示。

当岩桥长度为 50mm 时，随轴向应力的不断卸载，下部裂隙萌生向上扩展的张拉翼裂隙 1，并迅速贯通上端面，应力-位移曲线到达第一个峰值点。下部裂隙萌生的张拉翼与上部裂隙萌生向下的拉裂隙 3 贯通，试样上端面萌生向下的剪切裂隙 4，达到第二个峰值点。继续卸载，裂隙 4 贯通下断面，随裂隙 2 和 4 的扩展而萌生的次生裂隙不断扩展贯通，试件破坏，达到第三个峰值点。

当岩桥长度为 60mm 时，随着轴向应力的不断卸载，下部裂隙萌生向上扩展的张拉翼裂隙 2，并迅速贯通上端面，应力-位移曲线到达第一个峰值点。裂隙 1 贯通而通萌生裂隙 3 和 4，达到第二个峰值点。裂隙 3 贯通，达到第三个峰值点。裂隙 4 贯通，裂隙 5 萌生，达到第四个峰值点。裂隙 5 贯通，沿着下部裂隙萌生剪切裂隙，达到第五个峰值点。此后剪切裂隙贯通下端面，试样发生整体破坏，达到第六个峰值点。

当岩桥长度为 70mm 时，随着轴向应力的不断卸载，下部裂隙萌生向上扩展的张拉翼裂隙 2，并迅速贯通，应力-位移曲线到达第一个峰值点。试件下部裂隙萌生的张拉翼裂隙 1 贯通试样右端面，试样上端面萌生裂隙 3、5 和 4，达到第二个峰值点。裂隙 3 扩展贯通，萌生裂隙 6，达到第三个峰值点。此后裂隙 6 扩展贯通试样下端面，试件发生失稳破坏，达到第四个峰值点。

表 3.5　应力-位移曲线与裂隙扩展对照

岩桥长度/mm	应力-位移曲线	破坏后实物图	裂纹扩展过程素描图
50	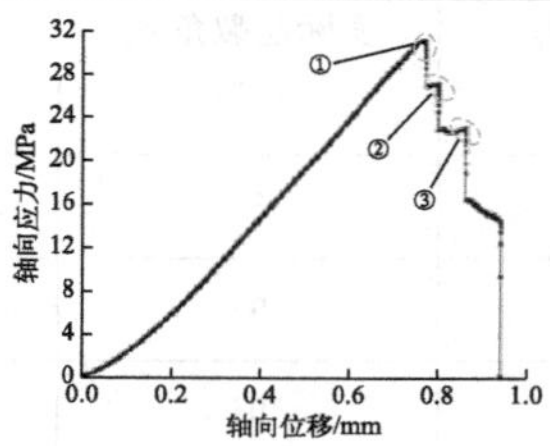	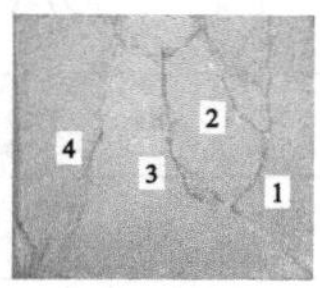	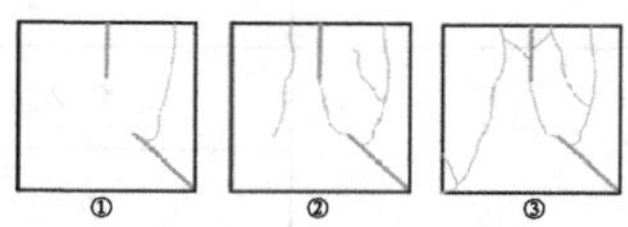
60	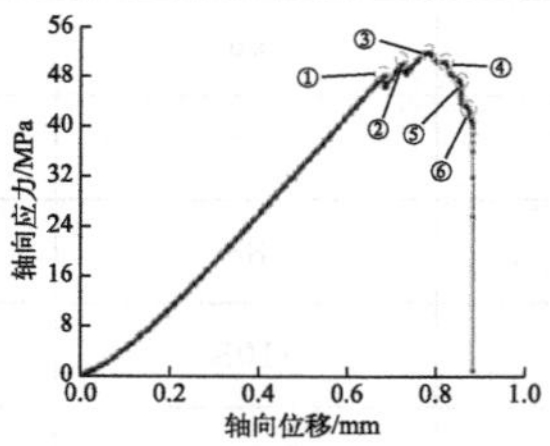	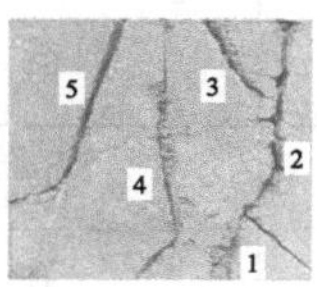	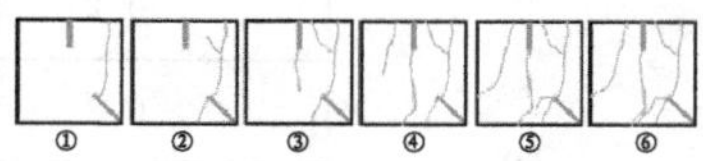
70	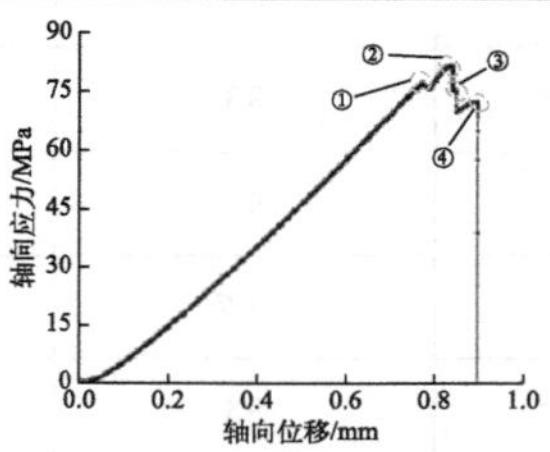	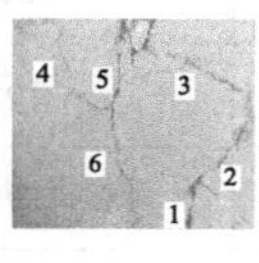	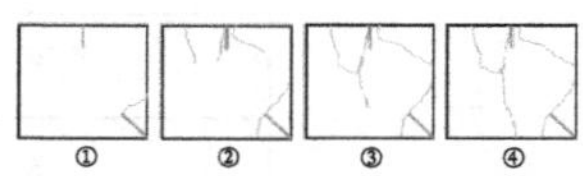

通过对 3 个“多峰值”试样的分析，获得岩桥试样呈现“多峰值”现象的裂隙扩展机制：试样各裂隙在应力-位移曲线的不同阶段扩展贯通，每次旧裂隙的贯通和新裂隙的起裂，应力达到一个峰值点。“应力跌落”为裂隙贯通、应变能释放的结果。岩桥试样内部出现的多裂隙扩展模式和多峰值变形特征，证明含中部锁固段岩桥试样破坏并非一次完成，而是多次逐级破坏，且随着卸

荷速率的增大，"多峰值"现象更加明显，主要为试样破坏时裂隙增多所导致。本试验所得结果可为揭示不同开挖速率下高陡岩质边坡内部的变形破坏机制提供理论支撑。

3.3.3 理论计算与试验结果对比分析

利用3.3节中相同的方法确定垂直应力 σ_1 和水平应力 σ_3 的大小，将其代入2.7节中相应的公式可求得下部倾斜裂隙尖端应力强度因子，将计算结果代入式(3.2)中便可求得裂隙起裂角 θ_0，计算结果如表3.6所示。其中误差计算方法为 $|\theta_0-\theta_s|/\theta_s$。

表3.6 卸荷条件下下部裂隙起裂角的理论值与试验对比

岩桥长度/mm	卸荷速率/kN/s	理论起裂角 θ_0/(°)	实际起裂角 θ_s/(°)	误差/%
50	0.2	78	83	6.0
	0.8	87	91	4.4
	1.5	89	95	6.3
	3.0	91	96	5.2
60	0.2	91	92	1.1
	0.8	92	88	4.5
	1.5	97	103	5.8
	3.0	89	94	5.3
70	0.2	99	93	6.5
	0.8	101	97	4.1
	1.5	105	107	1.9
	3.0	97	93	4.3

由表3.6可知，理论计算所得起裂角大小随岩桥长度增加而增大，随卸荷速率增大而增大。裂隙起裂角随卸荷速率变化幅度最大的为岩桥长度50mm的试样，为78°～91°，岩桥长度为60mm和70mm的试样裂隙起裂角随卸荷速率变化幅度较小，分别为91°～97°和97°～105°。起裂角理论计算值与试验值对比如图3.16所示。根据试验中所测裂隙实际起裂角可知，大部分试样的

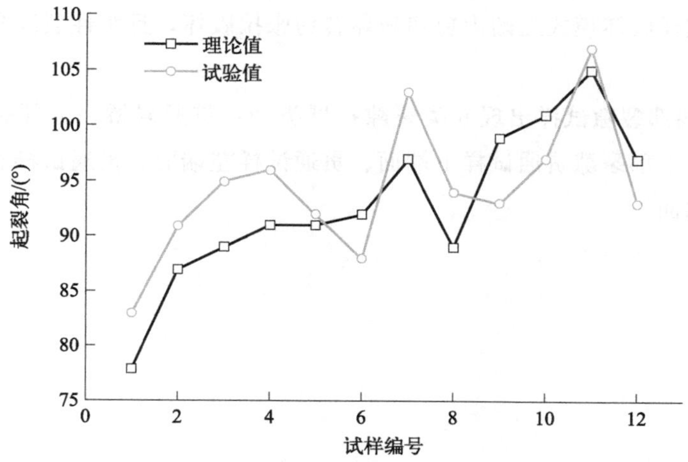

图 3.16 起裂角对比结果

裂隙起裂角集中在 90°～100°范围，理论计算与实际误差保持在 6.5%以内，验证了理论计算结果的可行性与合理性。

3.4 本章小结

本章依据露天矿边坡岩体的卸荷应力路径，针对预制内部和端部裂隙的类岩石材料试样，借助真三轴力学伺服试验系统，开展双轴加卸载试验，并利用高速摄影实时跟踪分析系统，分析了裂隙试样的裂隙扩展演化特征和贯通破坏模式，探讨了含内部裂隙试样裂隙之间相互作用规律和含端部裂隙试样在不同卸荷速率下的力学性质变化规律与破坏模式。分析了含内部裂隙试样裂隙之间相互作用规律与第 2 章理论分析的一致性，利用起裂角作为研究变量验证了理论计算和试验结果相吻合。具体结论如下：

① 含内部裂隙试样轴向起裂和峰值荷载随裂隙间距的增大而增大。理论计算和试验所得裂隙起裂角及起裂位置基本一致，验证了理论计算结果的可行性与合理性。

② 含端部裂隙试样裂隙起裂角及起裂位置与理论计算结果基本一致，误差保持在 6.5%以内。

③ 含端部裂隙试样应力-位移曲线呈现出“应力陡降”和“峰后回升”现象，且试样还表现出“多峰值”特征。

④ 卸荷速率主要影响含端部裂隙试样强度及次生裂隙数量。随卸荷速率的增加，试样破坏模式逐渐由剪切破坏转为张拉破坏，且张性裂隙多集中于卸荷面附近。

⑤ 含端部裂隙试样出现 6 类裂隙扩展类型：贯通岩桥、上部裂隙贯通试样下端面、下部裂隙贯通试样下端面、贯通试样左端面、贯通试样右端面、贯通试样上端面。

第4章

露天矿边坡岩体卸荷断裂机理与稳定性

本章将边坡弱卸荷区作为研究对象，从宏观角度揭示了含内部裂隙边坡和边缘裂隙边坡岩体卸荷断裂机理。依据边坡岩体弱卸荷区受力状态，利用断裂力学相关理论，从定性和定量角度解析了开挖卸荷对边坡岩体破坏的影响，并基于应力叠加原理，从边坡真实结构特征出发，考虑分支裂隙尖端塑性区分布范围，进一步构建了边坡岩体裂隙扩展贯通力学模型，阐明了边坡岩体断裂破坏机理，提出了边坡失稳判据，并通过工程案例进行验证。

4.1 开挖卸荷坡体内部裂隙扩展力学模型

边坡强卸荷区（Ⅰ区）内裂隙岩体完全卸荷，在水平方向受拉应力作用，第2、3章就水平方向受卸荷拉应力作用下的岩体裂隙扩展机理从理论到试验与数值计算作了详细阐述，得出在裂隙之间相互作用而扩展贯通过程中，大裂隙起主导作用。因此，边坡卸荷带（滑动面）的形成过程为在开挖卸荷扰动下，主控裂隙（大裂隙）首先起裂，与周围小裂隙贯通，进一步卸荷，新形成的主控裂隙继续扩展与周围裂隙扩展贯通，最后在距离坡面一定位置形成裂隙贯通区，即滑面形成，边坡失稳破坏。

本章就弱卸荷区（Ⅱ区）岩体裂隙如何在卸荷作用下扩展贯通进行研究。

在弱卸荷区（Ⅱ区）边坡岩体并未充分卸荷，受力状态如图 4.1 所示。卸荷过程中的水平应力与岩体变形产生的拉应力到底谁起主导作用很难确定，无法直接求得裂隙尖端应力强度因子。因此，根据应力叠加原理，卸荷受力状态可分解为初始应力和采动卸荷应力共同作用的模型，如图 4.2 所示。σ_z 为最大主应力（坡体垂直应力），σ_x 为最小主应力（坡体水平应力），$\Delta\sigma$ 为采动卸荷应力。

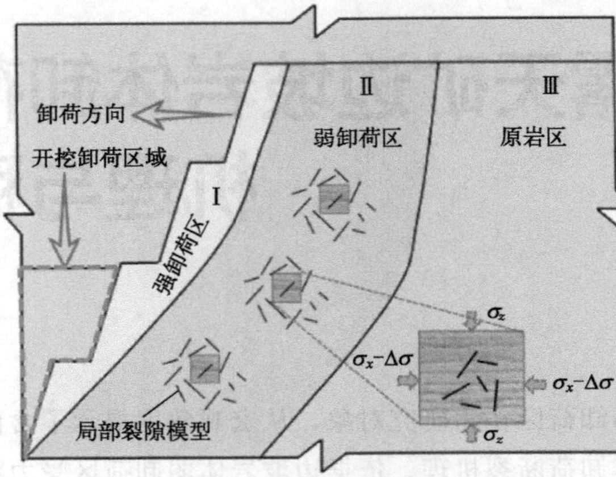

图 4.1　开挖卸荷条件下坡体裂隙应力状态模型

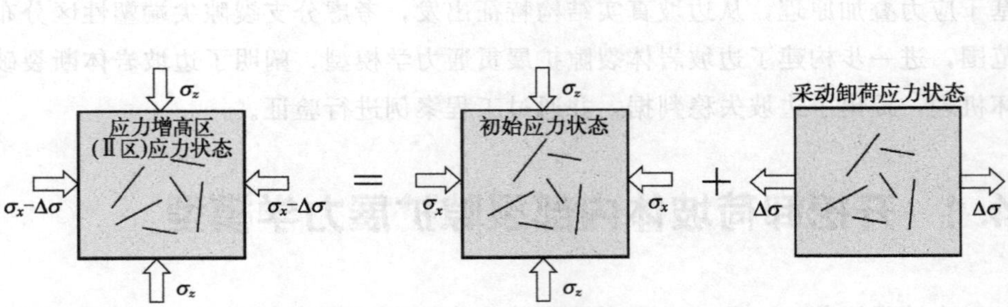

图 4.2　卸荷等效力学模型

4.1.1　初始应力作用下裂隙扩展分析

将边坡模型简化为平面二维模型，边坡岩体初始应力由构造应力和自重应力产生。这里假设在边坡开挖卸荷时水平应力满足未开挖时 $\sigma_x = K_0 \gamma z$ ($z \in (0, H)$)，垂直开挖时 $\sigma_x = 0$，则不同边坡开挖角度所对应初始应力为[175]：

$$\left.\begin{aligned}\sigma_x &= K_0\gamma z(1-\sin\beta)\\ \sigma_z &= \gamma z\end{aligned}\right\} z\in[0,H] \tag{4.1}$$

式中，σ_z 为岩体单元体初始竖直应力；σ_x 为水平应力；γ 为岩体容重；K_0 为侧压系数；z 为单元体距离边坡上表面距离；β 为坡角。

如图 4.3 所示为初始应力作用下边坡内岩体单元受力示意图，构建裂隙扩展力学模型。轴向应力为 σ_z，水平向应力为 σ_x，倾斜裂隙与最大主平面的夹角为 α，则轴向应力和水平向应力分解到裂隙面的切向应力 τ_n 和法向应力 σ_n（这里对应力正负不作规定，后续计算按弹性力学应力正负号具体规定代入，下同）为：

$$\left.\begin{aligned}\sigma_n &= \frac{\sigma_z+\sigma_x}{2}+\frac{\sigma_z-\sigma_x}{2}\cos(2\alpha)\\ \tau_n &= \frac{\sigma_z-\sigma_x}{2}\sin(2\alpha)\end{aligned}\right\} \tag{4.2}$$

在初始应力作用下，边坡岩体内裂隙受到法向压应力而发生闭合，裂隙在有效剪切应力 τ_{eff} 的作用下发生相对滑动，此时在裂隙尖端只存在Ⅱ型应力强度因子，则 $K_{\text{Ⅱ}}$ 为：

$$K_{\text{Ⅱ初}}=\tau_{eff}\sqrt{\pi a}=(\tau_n-f\sigma_n)\sqrt{\pi a} \tag{4.3}$$

式中，f 为裂隙面滑动摩擦系数；τ_{eff} 为作用在裂隙面上的效剪切应力；a 为裂隙半长；$K_{\text{Ⅱ初}}$ 为初始应力作用下裂隙尖端Ⅱ型应力强度因子。

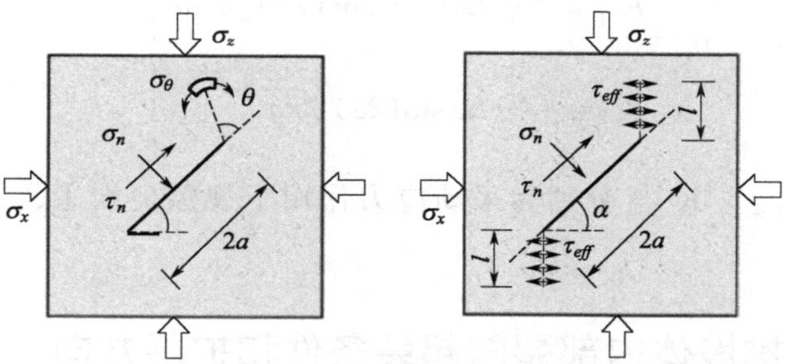

图 4.3 初始应力状态分支裂隙起裂、扩展示意图

4.1.2 采动应力作用下裂隙扩展分析

如图 4.4 所示为采动应力作用下边坡内岩体受力示意图，构建裂隙扩展力

学模型。垂直方向应力为 $\Delta\sigma$，倾斜裂隙与最大主平面的夹角为 $90°-\alpha$，水平向应力分解到裂隙面的切向应力 τ'_n 和法向应力 σ'_n 为：

$$\left.\begin{aligned}\sigma'_n&=\frac{1}{2}\Delta\sigma[1-\cos(2\alpha)]\\\tau'_n&=\frac{1}{2}\Delta\sigma\sin(2\alpha)\end{aligned}\right\}\tag{4.4}$$

当裂隙单向受拉时，裂隙在沿裂隙面剪切应力作用下发生剪切滑动，同时在法向拉应力作用下产生法向张拉扩展。根据应力强度因子的定义，在拉剪应力状态下，裂隙受切向剪切应力 τ_n 和法向拉伸应力 σ_n 共同作用而发生Ⅰ-Ⅱ复合型破坏，则原生裂隙尖端应力强度因子为：

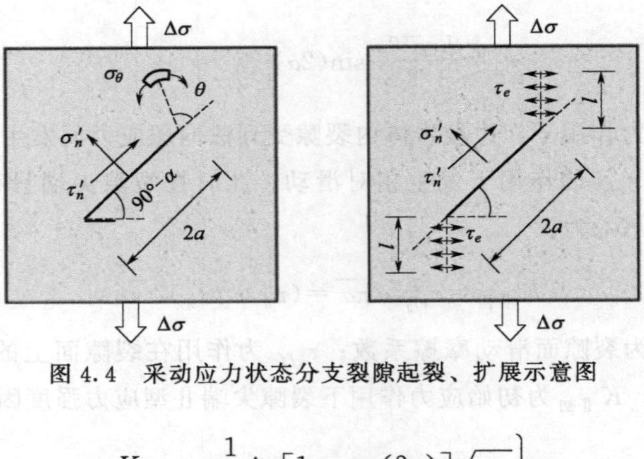

图 4.4　采动应力状态分支裂隙起裂、扩展示意图

$$\left.\begin{aligned}K_{\text{Ⅰ采}}&=\frac{1}{2}\Delta\sigma[1-\cos(2\alpha)]\sqrt{\pi a}\\K_{\text{Ⅱ采}}&=\frac{1}{2}\Delta\sigma\sin(2\alpha)\sqrt{\pi a}\end{aligned}\right\}\tag{4.5}$$

式中，$K_{\text{Ⅰ采}}$、$K_{\text{Ⅱ采}}$ 分别为采动应力作用下裂隙尖端Ⅰ、Ⅱ型应力强度因子。

4.1.3　开挖坡体内部裂隙起裂条件和扩展方向

根据应力叠加原理，复杂载荷作用下的裂隙尖端应力强度因子等于各简单载荷作用下裂隙尖端应力强度因子之和，联立式(4.1)～式(4.5) 可得边坡在开挖卸荷作用下距离边坡上表面 H 处原生裂隙尖端应力强度因子为：

$$
\left.\begin{aligned}
&K_{\mathrm{I}卸}=\frac{1}{2}\Delta\sigma[1-\cos(2\alpha)]\sqrt{\pi a}\\
&K_{\mathrm{II}卸}=\frac{1}{2}\sqrt{\pi a}\{\sigma_z[\sin(2\alpha)-f-f\cos(2\alpha)]+\sigma_x[f\cos(2\alpha)-f-\sin(2\alpha)]\}\\
&\quad+\frac{1}{2}\Delta\sigma\sin(2\alpha)\sqrt{\pi a}
\end{aligned}\right\}
\tag{4.6}
$$

根据最大周向拉应力准则，Ⅰ-Ⅱ复合型裂隙会沿着最大拉应力方向扩展，裂隙起裂角 θ_0 满足：

$$
K_{\mathrm{I}}\sin\theta_0+K_{\mathrm{II}}(3\cos\theta_0-1)=0 \tag{4.7}
$$

裂隙起裂扩展的条件为

$$
\left(K_{\mathrm{I}}\cos^2\frac{\theta_0}{2}-\frac{3}{2}K_{\mathrm{II}}\sin\theta_0\right)\cos\frac{\theta_0}{2}=K_{\mathrm{I}C} \tag{4.8}
$$

式中：$K_{\mathrm{I}C}$ 为岩体断裂韧度。

令卸荷系数 $\eta=-\Delta\sigma/\sigma_x$（这里有负号的原因为 $\Delta\sigma$ 和 σ_x 符号相反），联立式(4.1)、式(4.6) 和式(4.7) 得

$$
\frac{-\eta[1-\cos(2\alpha)]}{\{[\sin(2\alpha)-f-f\cos(2\alpha)]/K_0(1-\sin\beta)\}+[f\cos(2\alpha)-f-\sin(2\alpha)]-\eta\sin(2\alpha)}
=\frac{1-3\cos\theta_0}{\sin\theta_0} \tag{4.9}
$$

令式(4.8) 中等号左边等于 R，则可进一步求得裂隙起裂角 θ_0 为：

$$
\theta_0=\arccos\frac{3\pm\sqrt{R^4+8R^2}}{R^2+9} \tag{4.10}
$$

上式求得了卸荷状态下裂隙起裂角的大小，可见裂隙起裂角与摩擦系数、侧压系数、卸荷系数以及边坡角度有关。

由边坡岩体内应力分布情况的分析可知，卸荷应力相当于在岩体初始地应力作用下施加了一个反向的拉应力并逐渐减小到 0 的过程，因此取 $\Delta\sigma$ 的极大值 $K_0\gamma H(1-\sin\beta)$，代入式(4.9) 得：

$$
\frac{K_0(1-\sin\beta)[1-\cos(2\alpha)]}{-K_0(1-\sin\beta)[f\cos(2\alpha)-f-\sin(2\alpha)]-[\sin(2\alpha)-f-f\cos(2\alpha)]+K_0\sin(2\alpha)(1-\sin\beta)}
=\frac{1-3\cos\theta_0}{\sin\theta_0} \tag{4.11}
$$

由式(4.11)可知影响裂隙起裂角的因素包括侧压系数、摩擦系数、边坡角度和裂隙角度，具体关系如图 4.5 所示。边坡开挖卸荷时，水平方向应力瞬间释放，此时，裂隙扩展主要受竖直应力的影响，在竖直应力作用下，起裂角随裂隙倾角的增加而减小，并逐渐趋于裂隙走向。当裂隙倾角和边坡角度较小时，起裂角较大，起裂角趋向于最大主应力方向，这与岩样单轴压缩劈裂破坏形态相对应。起裂角随侧压系数和摩擦系数的增加而增大。

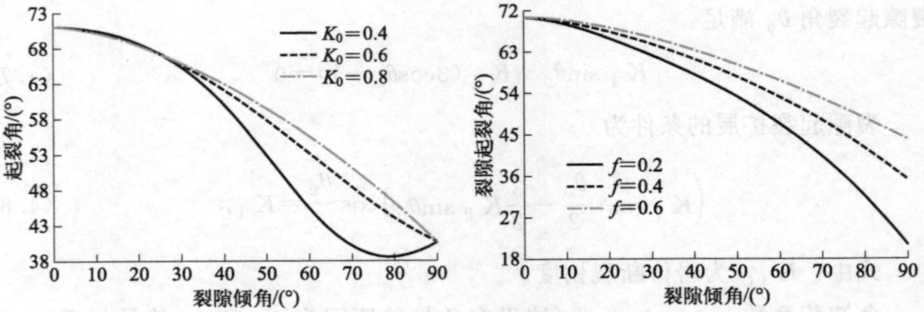

图 4.5　裂隙起裂角随裂隙倾角变化规律

如图 4.6 所示，起裂角随边坡角度的增加而增加，当边坡角度小于 50°时，起裂角随裂隙倾角的变化幅度较大，这是因为边坡角度小于 50°时，水平应力较大，水平卸荷对裂隙扩展影响较大，所以变化幅度较大。当边坡角度大于 50°时，水平应力较小，水平卸荷对裂隙扩展影响很小，此时裂隙相当于只在竖直应力作用下起裂扩展，起裂角趋向于最大主应力方向，这与岩样单轴压缩劈裂破坏形态相对应。

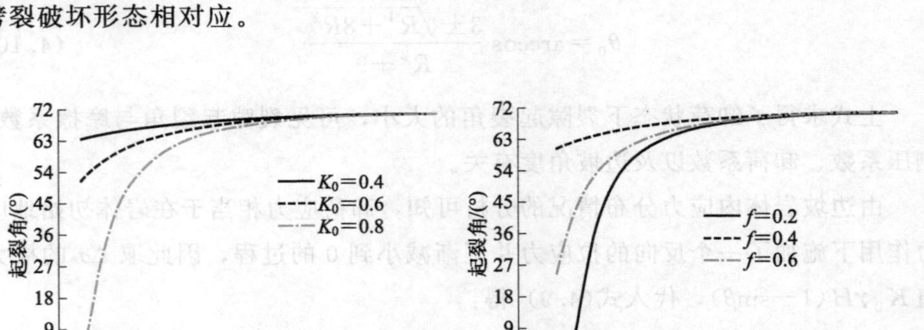

图 4.6　裂隙起裂角随边坡角度变化规律

4.1.4 边坡卸荷极限安全高度模型

将求得的卸荷状态下裂隙尖端应力强度因子代入式(4.8)，可得卸荷作用下边坡极限安全高度：

$$H=\frac{4K_{IC}}{K_0\gamma(1-\sin\beta)[1-\cos(2\alpha)]\sqrt{\pi a}\cos\frac{\theta_0}{2}\left(2\cos^2\frac{\theta_0}{2}-\frac{3\sin^2\theta_0}{1-3\cos\theta_0}\right)} \tag{4.12}$$

若已知初始裂隙长度、裂隙角度、边坡角度、侧压系数、岩体容重、裂隙起裂角以及岩体断裂韧度，即可求得在卸荷过程中岩体裂隙起裂时边坡安全高度。影响边坡极限安全高度的因素包括：裂隙长度、裂隙角度、裂隙起裂角[裂隙起裂角主要通过式(4.10)求得，这里包括侧压系数和摩擦系数]、岩体容重、侧压系数、边坡角度及断裂韧度。岩体容重和边坡角度影响规律一致，这与断裂韧度归为一类，与裂隙大小、形状无关，属于固定因素。边坡极限安全高度与边坡角度、岩体容重和断裂韧度成线性关系。断裂韧度越大，岩体抵抗外界扰动的能力越强，边坡角度和岩体容重越大，滑体作用于裂隙面上的法向应力越大，越不利于岩体的开裂。

边坡岩体内原始裂隙长度和裂隙倾角的分布情况对岩体强度具有重要影响，直接关系到边坡的稳定性状态。根据现场坍塌剖面地质调查结果绘制裂隙形态分布如图4.7所示，该矿山地层结构简单，岩体在地质构造运动和外界环境荷载作用下裂隙较为发育。裂隙长度主要集中在0.11～0.21m之间，并且中间随机散布少量短间距裂隙。裂隙倾角主要集中在38°～78°之间，其余角度裂隙随机散布在群集之间。岩体容重为23kN/m^2，岩体断裂韧度为1.8MPa·$m^{1/2}$，

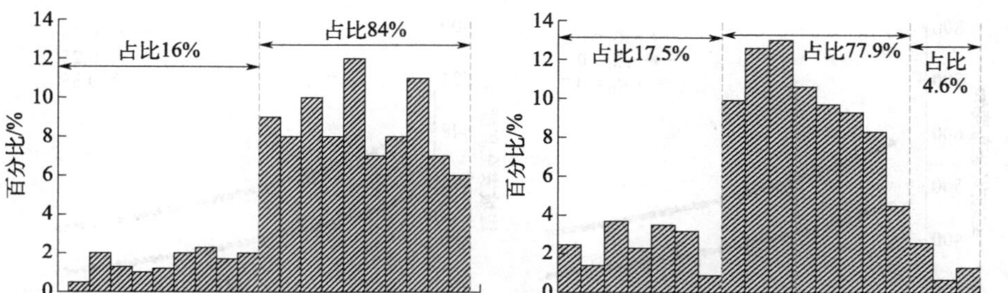

图4.7 岩体内裂隙形态分布情况

边坡整体角度 46°。

(1) 边坡极限安全高度随裂隙倾角的演化规律

不同裂隙倾角下边坡极限安全高度变化如图 4.8 所示。从曲线的形态可知，不同侧压系数和摩擦系数条件下，边坡安全高度随裂隙倾角的变化规律基本一致，呈现出先减小后增大的变化规律。当裂隙倾角为 52°时，边坡安全极限高度达到最小，这是因为裂隙倾角接近台阶开挖角度，此时垂直于裂隙的应力分量在减小，有利于裂隙在卸荷作用下发生起裂和扩展，卸荷拉应力作用发挥到最大。当裂隙倾角一定时，边坡极限高度随边坡侧压系数和摩擦系数的增大而增大。

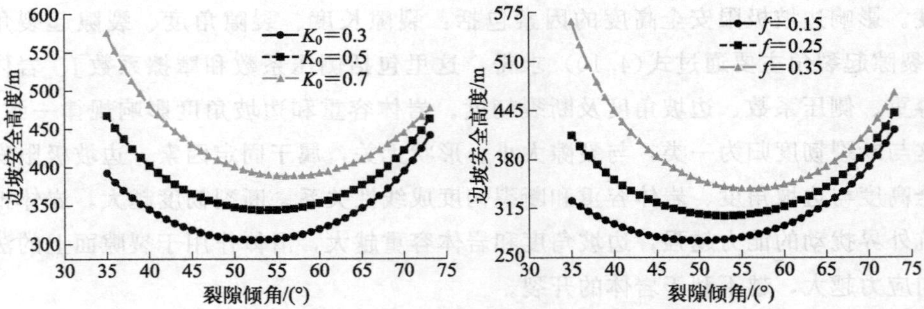

图 4.8 边坡安全高度随裂隙倾角变化规律

(2) 复合边坡安全高度随裂隙长度的演化规律

边坡岩体内初始裂隙长度是表征裂隙发育程度和分布情况的重要指标，根据图 4.9 中曲线形态可以看出，边坡极限安全高度与裂隙长度近似呈线性关系，即当裂缝长度越大，裂隙岩体越容易在卸荷作用下发生断裂。结合图 4.8

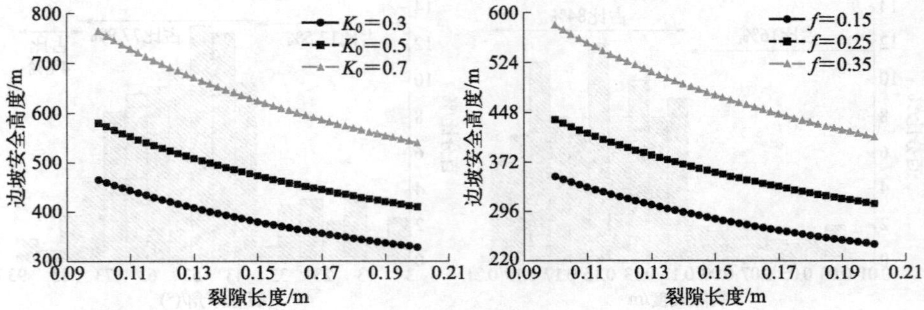

图 4.9 边坡安全高度随裂隙长度变化规律

和图 4.9 可知侧压系数对边坡极限安全高度影响较摩擦系数更显著。

图 4.10 所示边坡安全高度随边坡角度的增加而减小，其减小的曲率逐渐降低。边坡角度较小时，水平应力较大，水平卸荷对岩体扰动作用大，边坡容易出现失稳破坏，所以曲线下降曲率较大。

综上研究，露天矿边坡内部会出现高度应力集中现象，随着边坡开挖深度的逐渐增大，边坡对开挖卸荷扰动的敏感程度增加，卸荷效应随距边坡坡面距离的减小而增加，边坡岩体承受的荷载随距边坡坡脚距离的减小而增加。当边坡高度满足式(4.12) 时，边坡岩体内裂隙在卸荷扰动下就会起裂扩展，甚至发生贯通形成岩体内宏观破裂面，继而引发边坡失稳滑坡。

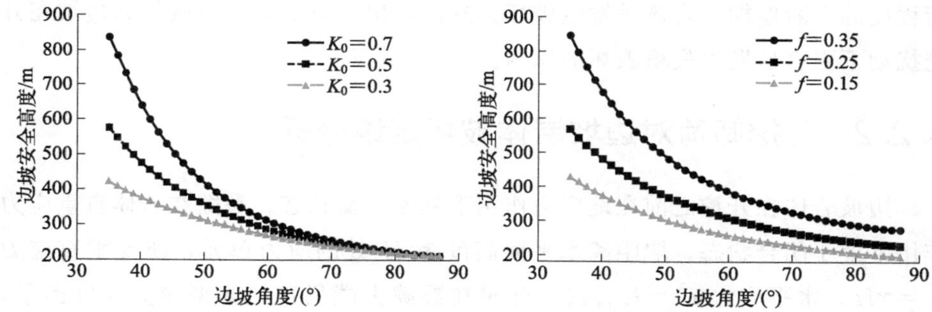

图 4.10 边坡安全高度随边坡倾角变化规律

4.2 开挖卸荷对含内部裂隙边坡破坏的影响

4.2.1 开挖卸荷对边坡岩体破坏定性分析

边坡岩体在开挖卸荷过程中岩体内应力不断调整，同时伴随能量的释放与耗散。如图 4.11 所示为边坡岩体卸荷过程中岩体内应力变化情况，假定卸荷过程中 σ_z 不变，随着 σ_x 的减小，摩尔应力圆从 $A \rightarrow A_1 \rightarrow A_2 \rightarrow A_3$，其间应力圆会与摩尔包络线相切，此时岩体发生破坏，边坡岩体处于弱卸荷区（Ⅱ区）。当 $\sigma_x < 0$ 时，会出现拉应力的情况，也就是边坡岩体的强卸荷区（Ⅰ区），此时岩体已发生完全破坏。

当边坡高度较大且侧压系数较大时，根据图 4.11 可以看出，随着岩体卸

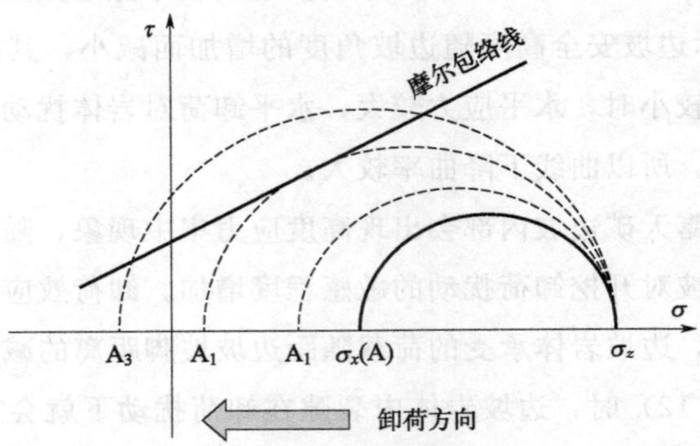

图 4.11 摩尔应力圆

荷程度的不断增加，岩体易发生破坏。从而给出了对于高边坡或超高边坡在开挖扰动下更容易发生失稳破坏的原因。

4.2.2 开挖卸荷对边坡岩体破坏定量分析

边坡岩体在开挖之前在地应力作用下处于平衡状态，裂隙在岩体自重应力作用下处于闭合状态，取距离水平面高度为 H 处的应力单元，所受垂直应力 $\sigma_z^0=\gamma H$，水平应力 $\sigma_x^0=K_0\gamma H$，此时在裂隙尖端只存在Ⅱ型应力强度因子，则 $K_{\text{Ⅱ未}}$ 为：

$$K_{\text{Ⅱ未}}=\frac{1}{2}\{\sigma_z^0[\sin(2\alpha)-f-f\cos(2\alpha)]+\sigma_x^0[f\cos(2\alpha)-f-\sin(2\alpha)]\}\sqrt{\pi a} \tag{4.13}$$

式中，$K_{\text{Ⅱ未}}$ 为卸荷之前边坡岩体裂隙尖端应力强度因子，其他参数物理意义同前。

联立式(4.1)、式(4.6) 和式(4.13) 得：

$$K_{\text{Ⅱ卸}}-K_{\text{Ⅱ未}}=\frac{1}{2}\sqrt{\pi a}K_0\gamma H\sin\beta[f+\sin(2\alpha)-f\cos(2\alpha)]+\frac{1}{2}\Delta\sigma\sin(2\alpha)\sqrt{\pi a} \tag{4.14}$$

从式(4.14) 可以看出，$f+\sin(2\alpha)-f\cos(2\alpha)$ 恒大于零，$\Delta\sigma$ 为正值，所以 $K_{\text{Ⅱ卸}}-K_{\text{Ⅱ未}}$ 恒大于零，即卸荷状态下边坡岩体内裂隙尖端Ⅱ型应力因子大于卸荷之前，而且从式(4.6) 可知卸荷后裂隙尖端还受Ⅰ型拉破坏。因此，在开挖之前岩体内裂隙在原岩应力状态下未发生断裂破坏。开挖形成边坡后，岩体处于卸压状态在靠近坡面一定范围内，卸荷导致岩体内裂隙尖端应力强度因子增大，进一步裂隙扩展引发岩体发生破坏，最终导致滑坡灾害的发生。从式(4.14) 还可以看出，裂隙尖端应力强度因子随边坡高度的增加而增大，这表明边坡越高，边坡越不稳定。裂隙尖端应力强度因子随卸荷量的增大而增大，这表明岩体受卸荷扰动越大越不稳定。

4.3 开挖卸荷坡体内部裂隙扩展长度求解

4.3.1 卸荷作用下分支裂隙尖端应力强度因子

边坡岩体裂隙在初始应力作用下，原生裂隙压剪扩展，分支裂隙近似平行于最大主应力 σ_z 方向扩展，如图 4.4 所示。分支裂隙尖端应力强度因子 $K_{\mathrm{I}初}(l)$ 由裂隙面上有效剪切应力 τ_{eff} 产生的 $(K_{\mathrm{I}})_1$ 和远场水平应力 σ_x 产生的 $(K_{\mathrm{I}})_2$ 组成[176]，即：

$$K_{\mathrm{I}初}(l)=(K_{\mathrm{I}})_1+(K_{\mathrm{I}})_2=\frac{\tau_{eff}\,2a\sin\alpha}{\sqrt{\pi l}}-\sigma_x\sqrt{\pi l} \tag{4.15}$$

式中，l 为分支裂隙扩展长度。

边坡岩体裂隙在采动应力作用下，原生裂隙拉剪扩展，分支裂隙近似平行于拉应力 $\Delta\sigma$ 方向扩展，如图 4.6 所示。拉剪应力作用下分支裂隙尖端应力强度因子 $K_{\mathrm{I}采}(l)$ 为[177]：

$$K_{\mathrm{I}采}(l)=\frac{5.18a\tau'_n\cos\alpha}{\sqrt{\pi l}} \tag{4.16}$$

因此，可得卸荷条件下边坡岩体分支裂隙尖端应力强度因子 $K_{\mathrm{I}卸}(l)$ 为：

$$K_{\mathrm{I}卸}(l)=K_{\mathrm{I}初}(l)+K_{\mathrm{I}采}(l)=\frac{\tau_{eff}\,2a\sin\alpha}{\sqrt{\pi l}}+\frac{5.18a\tau'_n\cos\alpha}{\sqrt{\pi l}}-\sigma_x\sqrt{\pi l} \tag{4.17}$$

4.3.2 卸荷作用下分支裂隙端部塑性区范围

在开挖卸荷扰动作用下边坡岩体裂隙尖端一定范围内总会存在一个塑性区，裂隙尖端力分布情况的定量描述能够通过弹塑性断裂力学的基本理论实现。卸荷条件下边坡岩体内裂隙端部塑性区范围可通过强度破坏准则与断裂力学相结合计算求得。依据经典弹性力学可得裂隙尖端Ⅰ型应力渐进场为：

$$\left.\begin{aligned}\sigma_x(r,\theta)&=\frac{K_{\mathrm{I}}}{\sqrt{2\pi r}}\cos\frac{\theta}{2}\left(1-\sin\frac{\theta}{2}\sin\frac{3\theta}{2}\right)\\\sigma_y(r,\theta)&=\frac{K_{\mathrm{I}}}{\sqrt{2\pi r}}\cos\frac{\theta}{2}\left(1+\sin\frac{\theta}{2}\sin\frac{3\theta}{2}\right)\\\tau_{xy}(r,\theta)&=\frac{K_{\mathrm{I}}}{\sqrt{2\pi r}}\sin\frac{\theta}{2}\cos\frac{\theta}{2}\cos\frac{3\theta}{2}\end{aligned}\right\}\tag{4.18}$$

式中，K_{I}为裂隙尖端Ⅰ型应力强度因子；$\sigma_x(r,\theta)$、$\sigma_y(r,\theta)$ 和 $\tau_{xy}(r,\theta)$ 分别为径向应力、轴向应力、剪切应力；θ 为裂隙尖端扩展方向角；r 裂隙上任何一点距离裂隙尖端的距离。

在弹性力学中，关于对主应力的计算表达式为：

$$\left.\begin{aligned}\sigma_1,\sigma_2&=\frac{\sigma_x+\sigma_y}{2}\pm\sqrt{\left(\frac{\sigma_x-\sigma_y}{2}\right)^2+\tau_{xy}^2}\\\sigma_3&=\mu(\sigma_x+\sigma_y)\end{aligned}\right\}\tag{4.19}$$

联立式(4.18) 和式(4.19) 可得分支裂隙端部Ⅰ型应力分量在极坐标内的表达式为：

$$\left.\begin{aligned}\sigma_1,\sigma_2&=\frac{K_{\mathrm{I}}}{\sqrt{2\pi r}}\left(\cos\frac{\theta}{2}\pm\sqrt{\left(\cos\frac{\theta}{2}\sin\frac{\theta}{2}\sin\frac{3\theta}{2}\right)^2+\left(\sin\frac{\theta}{2}\cos\frac{\theta}{2}\cos\frac{3\theta}{2}\right)^2}\right)\\\sigma_3&=\frac{2\mu K_{\mathrm{I}}}{\sqrt{2\pi r}}\cos\frac{\theta}{2}\end{aligned}\right\}\tag{4.20}$$

(1) 基于 Mohr-Coulomb 强度准则求解塑性区

利用 Mohr-Coulomb 强度准则对边坡岩体分支裂隙端部塑性区范围进行求解，根据 Mohr-Coulomb 强度准则：

$$\sigma_1=\frac{1-\sin\varphi}{1+\sin\varphi}\sigma_3+\frac{2c\cos\varphi}{1-\sin\varphi}\tag{4.21}$$

式中，σ_1 为岩体破坏时的最大主应力；σ_3 为最大主应力；c 为岩体黏聚力；φ 为岩体内摩擦角。

将式(4.17) 和式(4.20) 代入式(4.21)，可计算得 $\theta=0$（裂隙延长线上）时分支裂隙端部塑性区尺寸为：

$$r_1=\frac{K_{\text{I卸}}^2(l)}{2\pi\left[\frac{2c\cos\varphi(1+\sin\varphi)}{1-\sin^2\varphi-\mu(1-\sin\varphi)^2}\right]^2} \tag{4.22}$$

(2) 基于 Hoek-Brown 强度准则求解塑性区

利用 Hoek-Brown 强度准则对边坡岩体分支裂隙端部塑性区范围进行求解，根据 Hoek-Brown 强度准则：

$$\sigma_1=\sigma_3+\sqrt{m_0\sigma_c+s_0\sigma_c^2} \tag{4.23}$$

式中，σ_1 为岩体破坏时的最大主应力；σ_3 为最小主应力；σ_c 为完整岩石单轴抗压强度。m_0 和 s_0 为经验参数，其中 m_0 取值范围为 0.0000001～25，可反映岩石的软硬程度，取 0.0000001 时表示岩体被严重扰动，取 25 时表示岩体坚硬完整；s_0 反映岩体破碎程度，其取值范围为 0～1，对完整岩体取 1，破碎岩体取 0。

将式(4.17) 和式(4.20) 代入式(4.23)，可计算得 $\theta=0$（裂隙延长线上）时分支裂隙端部塑性区尺寸为：

$$r_2=\frac{K_{\text{I卸}}^2(l)}{2\pi\left\{\left[\sqrt{m_0\sigma_c+s_0\sigma_c^2}/(1-2\mu)\right]\right\}^2} \tag{4.24}$$

4.4 开挖卸荷作用下含内部裂隙坡体的断裂破坏机理

4.4.1 开挖卸荷坡体内部裂隙间岩桥力学分析

边坡稳定性受控于岩体内大量的节理裂隙，在开挖扰动作用下滑面的形成实际是岩体内优势裂隙组的扩展贯通导致的，在边坡不断开挖卸荷过程中，岩体内较长裂隙首先起裂，并沿开挖面近似平行的角度扩展，进一步卸荷，岩体内优势裂隙组相互扩展贯通，造成边坡滑坡灾害的发生，如图 4.12 所示。裂隙扩展初期受裂隙之间影响较小，所以只考虑单裂隙存在时的扩展情况，当裂隙扩展一定长度时，岩桥在裂隙之间相互作用下发生断裂贯通，进一步在距离开挖卸荷面一定范围内形成滑面。现在针对岩桥断裂破坏相关的研究，一般是求得分支裂隙尖端应力强度因子后与岩体断裂韧度进行比较，以判断岩体是否会发生破坏。这里的研究为通过函数极值计算的方法求得岩体在达到损伤阈值时分支裂隙尖端塑性区范围及其扩展长度[177]。图 4.12 所示为边坡岩体内裂隙之间岩桥断裂力学模型。

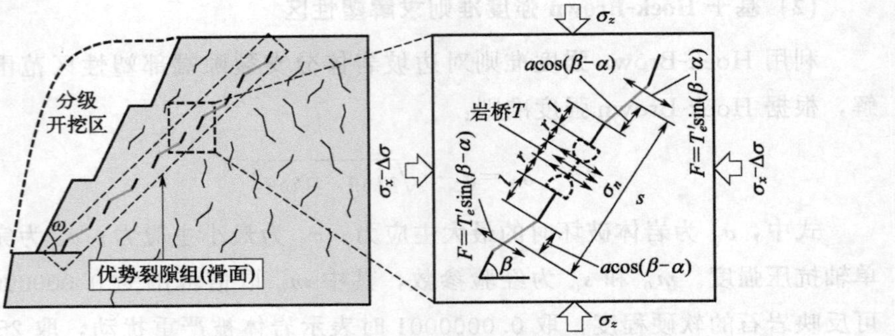

图 4.12　边坡卸荷内部裂隙相互作用扩展力学模型示意图

两个主裂隙中心距 S 以及分支裂隙之间岩桥的长度 T 分别为：

$$\left.\begin{aligned} S&=\frac{1}{\sqrt{N_A}} \\ T&=S-2\left[l+r+a\cos(\beta-\alpha)\right] \end{aligned}\right\} \tag{4.25}$$

式中，N_A 为单位面积内裂隙数量；β 为边坡坡面与水平方向的夹角。

在图 4.12 所示的裂隙岩桥力学模型中，裂隙所受力 $F=T'_e\sin(\beta-\alpha)$ 与岩桥间应力 σ_n 平衡，其中 $T'_e=2a(\tau_{eff}+\tau'_n)$，其平衡方程为：

$$\sigma_n=\pi A^2 \times \frac{T'_e\sin(\beta-\alpha)}{\pi A^2 S-\left[2\pi A^2 l+\left(\frac{\tau_{eff}\,2a\sin\alpha}{\sqrt{\pi l}}+\frac{5.18a\tau'_n\cos\alpha}{\sqrt{\pi l}}-\sigma_x\sqrt{\pi l}\right)^2+2\pi A^2 a\cos(\beta-\alpha)\right]} \tag{4.26}$$

式中，$A=\dfrac{2c\cos\varphi(1+\sin\varphi)}{1-\sin^2\varphi-\mu(1-\sin\varphi)^2}$。

令 $\sigma_n=\sigma_t$（σ_t 为岩体单轴抗拉强度），并将式(4.26) 经过变量代换后整理成关于函数的形式。

$$\phi(l)=Bl^2+Cl+D \tag{4.27}$$

式中，$B=2\pi^2A^2\sigma_t+\pi^2\sigma_x^2\sigma_t$；$C=\pi^2A^2T'_e\sin(\beta-\alpha)-\pi^2A^2S\sigma_t-4\pi a\tau_{eff}\sigma_x\sigma_t-10.36\pi a\tau'_n\sigma_x\sigma_t\cos\alpha-2a\pi^2A^2\sigma_t\cos(\beta-\alpha)$；$D=4a^2\tau_{eff}^2\sigma_t\sin^2\alpha+26.83a^2(\tau'_n)^2\sigma_t\cos^2\alpha+10.36a^2\tau_{eff}\tau'_n\sigma_t\sin(2\alpha)$。

对式(4.27)二次求导可得：

$$\left.\begin{aligned}\frac{\partial \phi(l)}{\partial l}&=2Bl+C=0\\\frac{\partial^2 \phi(l)}{\partial^2 l}&=2B>0\end{aligned}\right\} \tag{4.28}$$

进一步可求得卸荷岩体达到损伤阈值时分支裂隙扩展极限长度 l_{1t} 为：

$$\begin{aligned}l=l_{1t}&=-\frac{C}{2B}\\&=\frac{\begin{array}{c}\pi^2A^2S\sigma_t+2\pi a\sigma_z\sigma_x\sigma_t[\sin(2\alpha)-f-f\cos(2\alpha)]+2\pi a\sigma_z\sigma_x\sigma_t[f\cos(2\alpha)-\\f-\sin(2\alpha)]-10.36\pi a\eta\sigma_x\sin(2\alpha)\sigma_x\sigma_t\cos\alpha+2a\pi^2A^2\sigma_t\cos(\beta-\alpha)-\\\{\pi^2A^2a\sigma_z[\sin(2\alpha)-f-f\cos(2\alpha)]+\pi^2A^2a\sigma_x[f\cos(2\alpha)-f-\\\sin(2\alpha)]-\pi^2A^2a\eta\sigma_x\sin(2\alpha)\}\sin(\beta-\alpha)\end{array}}{4\pi^2A^2\sigma_t+2\pi^2\sigma_x^2\sigma_t}\end{aligned} \tag{4.29}$$

将式(4.29)代入式(4.22)可求得岩体分支裂隙扩展极限长度达到 l_{1t} 时其尖端塑性区范围 r_{1t} 为：

$$r_{1t}=\frac{(\tau_{eff}2a\sin\alpha+5.18a\tau'_n\cos\alpha-\sigma_x\pi l_{1t})^2}{2\pi^2A^2l_{1t}} \tag{4.30}$$

同理可求得 l_{2t} 为：

$$\begin{aligned}l=l_{2t}&=-\frac{C}{2B}\\&=\beta\frac{\begin{array}{l}\pi^2P^2S\sigma_t+2\pi^2a\sigma_z\sigma_x\sigma_t[\sin(2\alpha)-f-f\cos(2\alpha)]+\\2\pi a\sigma_z\sigma_x\sigma_t[f\cos(2\alpha)-f-\sin(2\alpha)]-\\10.36\pi a\eta\sigma_x\sin(2\alpha)\sigma_x\sigma_t\cos\alpha+2a\pi^2P^2\sigma_t\cos(\beta-\alpha)-\\\{\pi^2P^2a\sigma_z[\sin(2\alpha)-f-f\cos(2\alpha)]+\pi^2P^2a\sigma_x[f\cos(2\alpha)-\\f-\sin(2\alpha)]-\pi^2P^2a\eta\sigma_x\sin(2\alpha)\}\sin(\beta-\alpha)\end{array}}{4\pi^2P^2\sigma_t+2\pi^2\sigma_x^2\sigma_t}\end{aligned} \tag{4.31}$$

式中，$P=\dfrac{\sqrt{m_0\sigma_c+s_0\sigma_c^2}}{1-2\mu}$。

将式(4.31) 代入式(4.24) 可求得岩体分支裂隙扩展极限长度达到 l_{2t} 时，其尖端塑性区范围 r_{2t} 为：

$$r_{2t}=\frac{(\tau_{eff}2a\sin\alpha+5.18a\tau'_n\cos\alpha-\sigma_x\pi l_{2t})^2}{2\pi^2P^2l_{2t}} \tag{4.32}$$

式中，l_{2t} 和 r_{2t} 分别为 Hoek-Brown 强度破坏准则下求得的分支裂隙扩展长度和塑性区范围。

本节运用两种不同的破坏强度准则分别对分支裂隙端部塑性区范围及其扩展长度进行理论推导，从式(4.29) 和式(4.31) 可以看出，开挖卸荷作用下影响边坡岩体内裂隙端部塑性区范围大小的主要独立因素包含：边坡高度、边坡角度、裂隙长度、裂隙角度。为了分析确定式(4.29) 和式(4.31) 结论的合理性，下面对比分析两种不同的破坏强度准则所求的裂隙端部塑性区与各影响因素之间的关系。计算时内摩擦角 φ 的取值范围为 16°～40°，黏聚力 c 的取值范围为 1.0～10MPa。为能够准确反映边坡岩体不同稳定状态特征，式(4.29) 和式(4.31) 在具体计算过程中参数取值时，相关参数取值需在以上所给范围内依次选取。确定 Hoek-Brown 强度破坏准则中涉及的经验参数 s_0 和 m_0 的取值至关重要，s_0 用来评价岩体完整，m_0 用来评价岩石的软硬程度，本节通过断裂力学相关研究来确定，s_0 和 m_0 值的计算表达式为[179]：

$$\left.\begin{aligned} s_0&=K_{\mathrm{II}}^2/[\pi l\sigma_c^2(1+K_{\mathrm{II}}/K_{\mathrm{I}})] \\ m_0&=16K_{\mathrm{II}}^2/[\sqrt{2\pi l}K_{\mathrm{I}}(K_{\mathrm{II}}/K_{\mathrm{I}})] \end{aligned}\right\} \tag{4.33}$$

依次取表征边坡岩体在破坏过程中不同状态下的特征值，单轴抗压强度参数 σ_c、岩石的软硬程度参数 m 和岩体破碎程度参数 s 取值均依次减小，表征岩体内节理裂隙发育程度、岩石风化程度及岩体强度的参数泊松比 μ 依次增大。具体关系如图 4.13 所示。

图 4.13(a) 中运用两种破坏准则求得卸荷作用下裂隙端部塑性区范围与边坡高度的关系近似呈指数函数关系，即随边坡高度的增大，塑性区宽度逐渐增大，最后趋于无穷大。当边坡高度介于 0～300m 时，其塑性区宽度的变化极小，表明此时边坡高度的变化对塑性区影响较小，卸荷扰动对边坡破坏的影响较小；而当边坡高度接近 800m 时，其塑性区宽度急剧增大。大量研究表明，当边坡从高边坡向超高边坡过渡时，开挖卸荷强扰动的影响会导致超高边坡的力学响应完全不同于低边坡，故图 4.13(b) 中的变化趋势也验证了卸荷

扰动对不同高度边坡稳定性的影响规律。在 H-B 准则下求解的塑性区宽度对边坡各个参数更敏感，这体现了 M-C 破坏准则的运用对节理岩体分析存在不足。从 H-B 准则所得图中还可以看出边坡岩体裂隙分布越密集，其塑性区宽度变化越大，这与工程实际更符合。

图 4.13(c) 中运用两种破坏准则求得卸荷作用下裂隙端部塑性区范围与边坡角度近似为反对数函数关系，即随着边坡角度的增大，塑性区宽度逐渐减小，最后趋于稳定。从式(4.1) 可以看出边坡角度主要影响水平应力的大小，当边坡角度大于 60°时，其塑性区宽度的变化极小，此时水平应力较小，同一卸荷系数时水平卸荷量较小，对边坡扰动也较小，裂隙尖端应力强度因子较小，所以裂隙端部塑性区较小，而当边坡角度小于 60°时，水平应力较大，水平卸荷扰动范围变大，导致塑性区宽度急剧增大。而高水平应力就表示高垂直应力，即高边坡。这与边坡高度变化规律一致，故图 4.13(d) 中的变化趋势也间接验证了卸荷扰动对不同应力状态边坡稳定性的影响规律。在 H-B 准则下求解的塑性区宽度对边坡各个参数更敏感，这进一步验证了运用 H-B 破坏准则对节理岩体分析更加准确。

图 4.13(e) 和 (f) 中运用两种破坏准则求得卸荷作用下裂隙端部塑性区范围与裂隙长度近似呈正比例函数关系，即塑性区宽度随边坡高度的增大而呈线性增大，其增大的曲率保持恒定不变。不同曲面间明显的层次感也证明边坡节理裂隙分布越密集，其塑性区宽度越大。同理，在 H-B 准则下求解的塑性区宽度对边坡各个参数更敏感，这表明应用 M-C 破坏准则求得塑性区宽度误差更大。

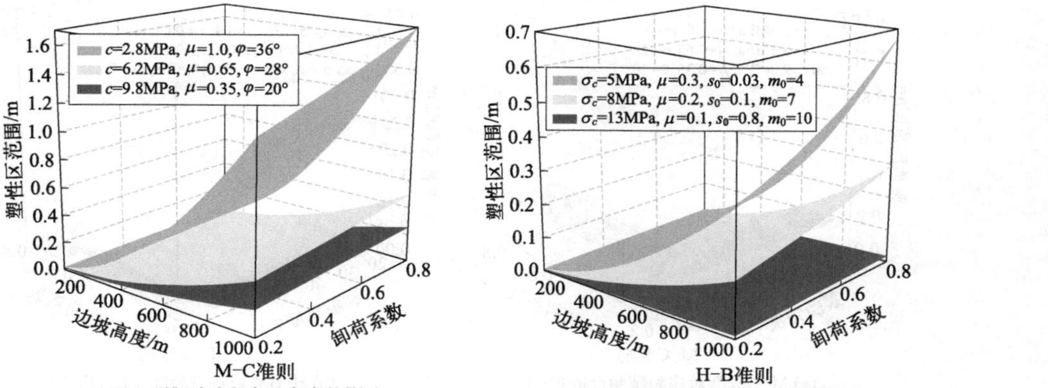

(a) M-C准则对应边坡高度的影响　　(b) H-B准则对应边坡高度的影响

图 4.13

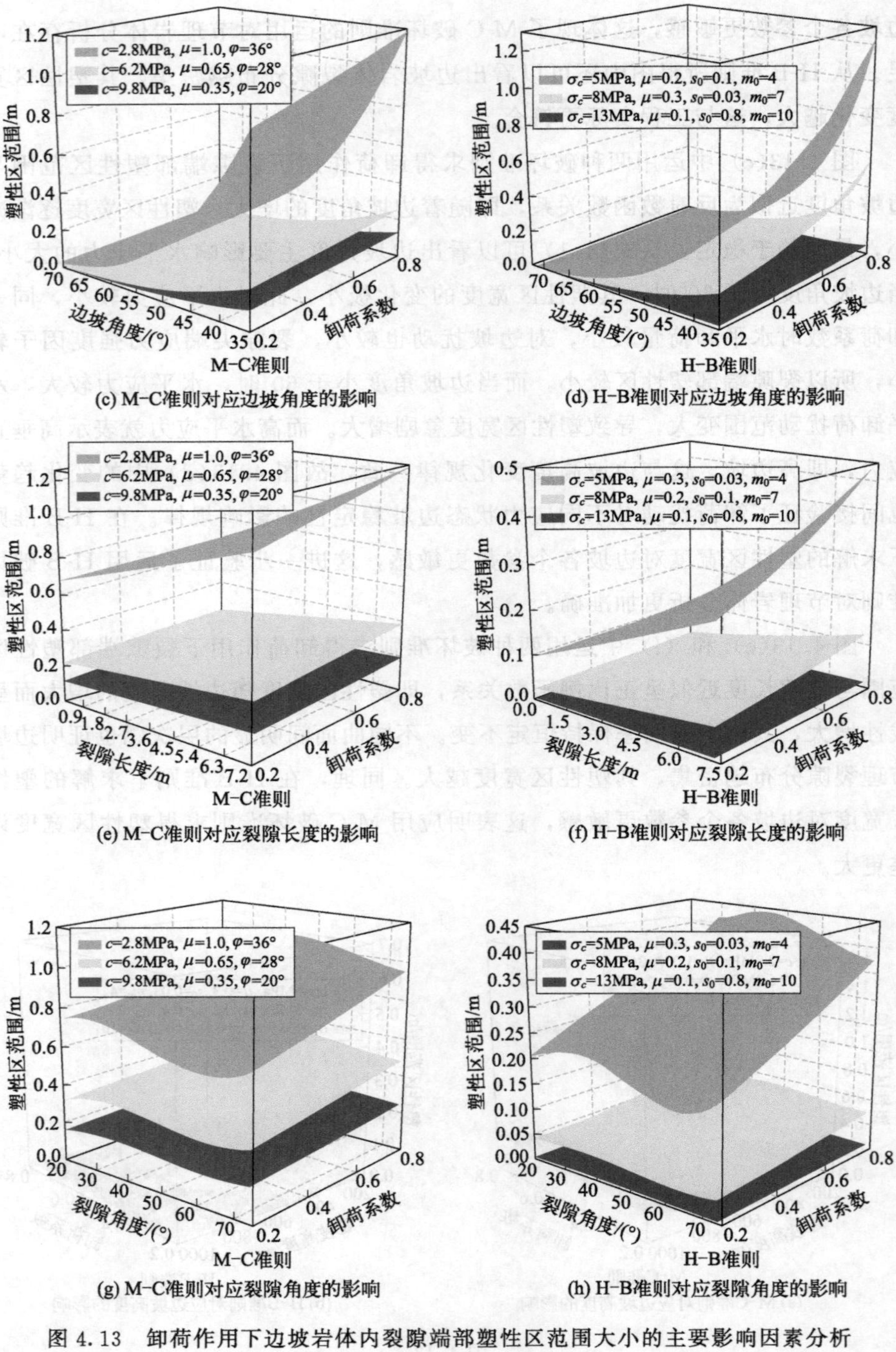

(c) M−C准则对应边坡角度的影响

(d) H−B准则对应边坡角度的影响

(e) M−C准则对应裂隙长度的影响

(f) H−B准则对应裂隙长度的影响

(g) M−C准则对应裂隙角度的影响

(h) H−B准则对应裂隙角度的影响

图 4.13　卸荷作用下边坡岩体内裂隙端部塑性区范围大小的主要影响因素分析

图 4.13(g) 和 (h) 中运用两种破坏准则求得卸荷作用下裂隙端部塑性区范围与裂隙角度近似呈周期波动函数关系。这主要是因为当裂隙角度越接近优势裂隙组所组成滑面的角度时，卸荷扰动对裂隙扩展影响越大。结合图 4.12 中的力学模型可知，当裂隙角度逐渐增大接近滑面角度时，边坡滑体施与沿裂隙面上分解力逐渐增加，即裂隙所受沿裂隙面的剪切载荷在增加，裂隙尖端应力集中程度增加，到底谁起主导作用无法判断，因此，塑性区宽度为波动变化而非恒定。

4.4.2 初始坡体裂隙组贯通与优势裂隙的形成

实际工程现场边坡岩体结构复杂，坡体内裂隙随机分布，裂隙大小也存在一定差异。在地质构造和外界荷载的作用下，满足起裂条件的裂隙组最先扩展贯通，形成具有一定方向和规模的优势裂隙，为以后坡体在不断开挖扰动下失稳破坏创造了条件。

由前述分析可知，边坡岩体内裂隙在初始应力作用下，一部分裂隙满足起裂条件便首先起裂扩展，此时岩体裂隙处于压剪受力状态，裂隙起裂角为确定不变的，即在确定的初始应力作用下，只能导致特定裂隙扩展，并对应着确定的扩展方向，这使得图 4.14 中的裂隙最先起裂且与最大主应力方向夹角为定值。根据能量守恒原理，长度大的裂隙，所在单元体释放的应变能较多，扩展长度较大，这就使得如图 4.14 中一组较长裂隙最先起裂且相互贯通，进一步发展为控制岩体稳定性的优势裂隙 HK。

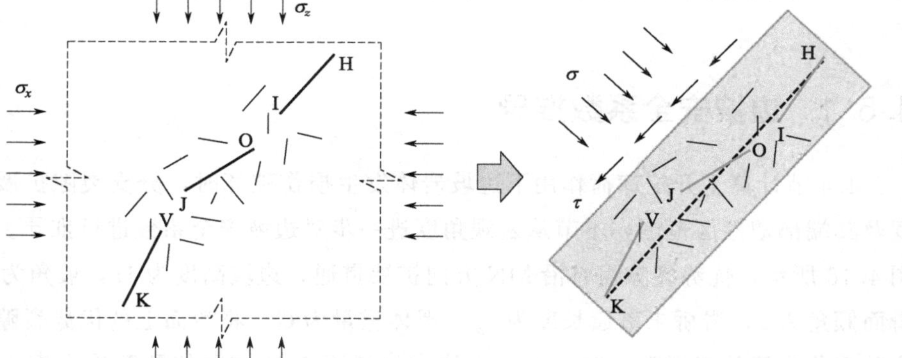

图 4.14 初始应力状态下边坡岩体内优势的形成

4.4.3 卸荷条件下优势结构面发展与坡体破坏

如图 4.15(a) 所示，边坡在初始开挖作用下形成的优势裂隙 HK，会在进一步边坡开挖卸荷作用下按照角度 θ_0 再次起裂。随着边坡高度的增加，在强卸荷扰动作用下，则裂隙会充分扩展并贯通岩体诱发边坡失稳，反之，裂隙不能贯通岩体，坡体可在裂隙之间的岩桥作用下继续保持稳定。

新生裂隙 PHKQ 会在下一次开挖扰动作用下起裂扩展，其裂隙主控方向变为 PQ，有效长度变为 $|PQ|$，如图 4.15(b) 所示，随着开挖的重复进行，裂隙会不断扩展变长并相互贯通，当裂隙面上的摩擦力和岩桥的作用力不足以抵抗裂隙所形成滑面上覆岩体的重量时，就会诱发边坡失稳破坏。

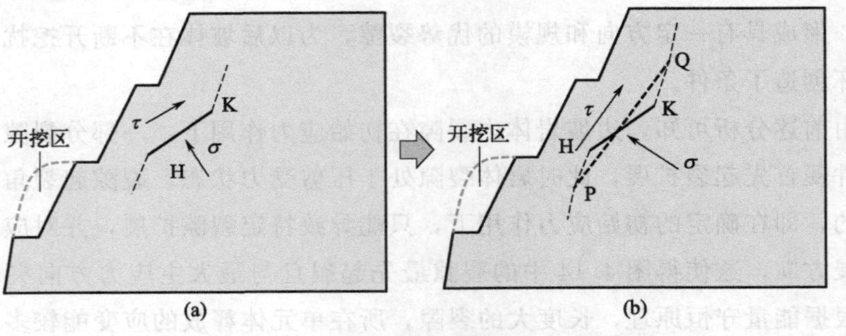

图 4.15　开挖边坡裂隙扩展的剖面示意

4.5 开挖卸荷作用下含内部裂隙边坡稳定性分析

4.5.1 边坡安全系数推导

4.4 节计算了开挖卸荷作用下边坡岩体发生损伤破坏时，分支裂隙扩展长度及其端部塑性区范围，本节从宏观角度进一步对边坡安全系数进行推导。如图 4.16 所示，优势裂隙组将沿 MN 方向扩展贯通，边坡高度为 H，坡角为 β，滑面倾角为 ε，岩桥未贯通长度为 l_d，滑体重量为 G，将滑面上的优势裂隙组裂隙简化为等效直裂隙，定义边坡岩体内岩滑面 MN 方向的裂隙连通率 k 和岩桥的连续性 $1-k$ 分别为：

$$k=\frac{\sum a}{L_{MN}},1-k=\frac{\sum b}{L_{MN}} \tag{4.34}$$

裂隙在卸荷扰动作用下在 MN 方向已扩展长度为 l_t+r_t，则岩桥贯通率为：

$$q=\frac{2\sum(l_t+r_t)}{2\sum(l_t+r_t)+\sum l_d}=\frac{2\sum(l_t+r_t)}{\sum b}=\frac{2\sum(l_t+r_t)}{(1-k)L_{MN}} \tag{4.35}$$

由图 4.16 的几何关系可得边坡滑体重量表达式为：

$$G=\frac{(H\cot\varepsilon-H\cot\beta)\gamma H}{2}=\frac{\gamma H^2}{2}\times\frac{\sin(\beta-\varepsilon)}{\sin\varepsilon\sin\beta} \tag{4.36}$$

滑体重量 G 沿滑面和垂直滑面的分量为：

$$G_T=G\sin\varepsilon,G_N=G\cos\varepsilon \tag{4.37}$$

滑面 MN 上的平均法向应力为：

$$\sigma_N=\frac{G\cos\varepsilon}{L_{MN}} \tag{4.38}$$

在自重力作用下，滑面 MN 上所能承受的最大剪切力为：

$$\begin{aligned}Q_T=&(1-q)(1-k)(c+\sigma_N\tan\varphi)L_{MN}+k(c_i+\sigma_N\tan\varphi_i)L_{MN}+\\&q(1-k)(c_j+\sigma_N\tan\varphi_j)L_{MN}\end{aligned} \tag{4.39}$$

式中，c 和 φ 为岩体的黏聚力和内摩擦角；c_i 和 φ_i 为原裂隙面的黏聚力和内摩擦角；c_j 和 φ_j 为已扩展裂隙面上的黏聚力和内摩擦角。

则考虑岩桥贯通率的边坡安全系数 S_c 为：

$$S_c=\frac{Q_T}{G_T}=\frac{(1-q)(1-k)\left(c+\frac{G\cos\varepsilon\tan\varphi}{L_{MN}}\right)L_{MN}+k\left(c_i+\frac{G\cos\varepsilon\tan\varphi_i}{L_{MN}}\right)L_{MN}+q(1-k)\left(c_j+\frac{G\cos\varepsilon\tan\varphi_j}{L_{MN}}\right)L_{MN}}{G\sin\varepsilon} \tag{4.40}$$

当 $S_c>1$ 时，说明岩桥所能承受最大剪切力大于作用于结构面的下滑力，边坡处于稳定状态；当 $S_c<1$ 时，说明岩桥所能承受最大剪切力小于作用于结构面的下滑力，边坡处于不稳定状态；当 $S_c=1$ 时，说明岩桥所能承受最大剪切力等于作用于结构面的下滑力，边坡处于极限平衡状态。

4.5.2 边坡稳定性影响因素分析

根据图 4.17(a)～(f) 的趋势可以得出，边坡安全系数在考虑分支裂隙端部塑性区影响时比不考虑时偏小，露天矿高边坡开挖卸荷过程中岩体破坏由脆

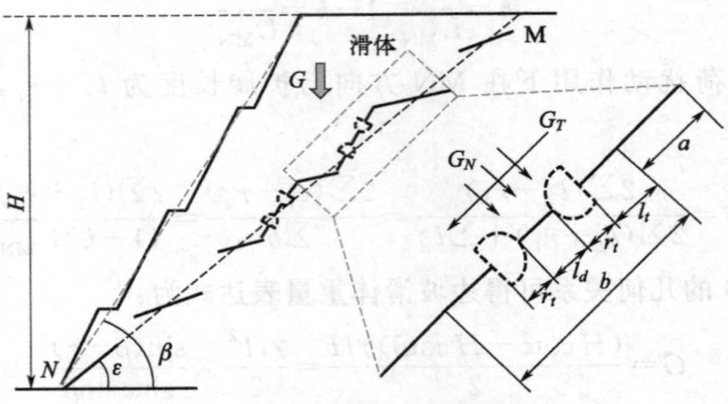

图 4.16　边坡岩桥贯通受力示意图

性向塑性转变，裂隙端部塑性区的增加使边坡滑面上抗滑能力降低，发生滑坡的危险性增加，安全系数变小，说明考虑裂纹端部塑性区影响使边坡安全系数的计算更为合理。下面根据图 4.17(a)～(f) 变化趋势来具体分析各影响因素与边坡安全系数的变化关系。

图 4.17(a) 为边坡安全系数与边坡高度的关系，边坡安全系数随边坡高度的增加而减小，表明边坡高度的增加，增加了边坡失稳滑坡的危险性；图 4.17(b) 为边坡安全系数与边坡角度的关系，边坡安全系数随边坡角度的增加而减小；图 4.17(c) 为安全系数与裂隙角度的关系，随着裂隙角度的增加，安全系数先减小后趋于稳定，这是因为随着裂隙角度的增加，裂隙在滑面上的分量增加，从而导致边坡更易发生失稳破坏；图 4.17(d) 为安全系数与裂隙长度的关系，边坡安全系数随裂隙长度的增加而减小，裂隙长度增加，表明岩体内损伤程度增加，从而加剧了边坡岩体断裂破坏；图 4.17(e) 为裂隙面的摩擦系数与安全系数的关系，安全系数随裂隙面摩擦系数的增大而增加，这是由于裂隙面摩擦系数增大，使裂隙面抵抗裂隙扩展破坏能力增强，安全系数增加；图 4.17(f) 为安全系数与卸荷系数的关系，安全系数随卸荷系数增加而减小，这表明卸荷扰动越强，边坡稳定性越差，这与工程实际相吻合。

4.5.3　工程实例对比分析

大孤山露天铁矿（图 4.18）位于辽宁省鞍山市，自开采以来已有 60 余年的历史，形成了深达近 400m 的“大孤坑”。二期设计境界最终底标高为 −450m，地表标高为 70～190m 水平，设计边坡最大高度约 650m。西南帮下盘边坡岩体以混合岩（太古代花岗岩）为主，其中间有闪长玢岩岩脉发育，

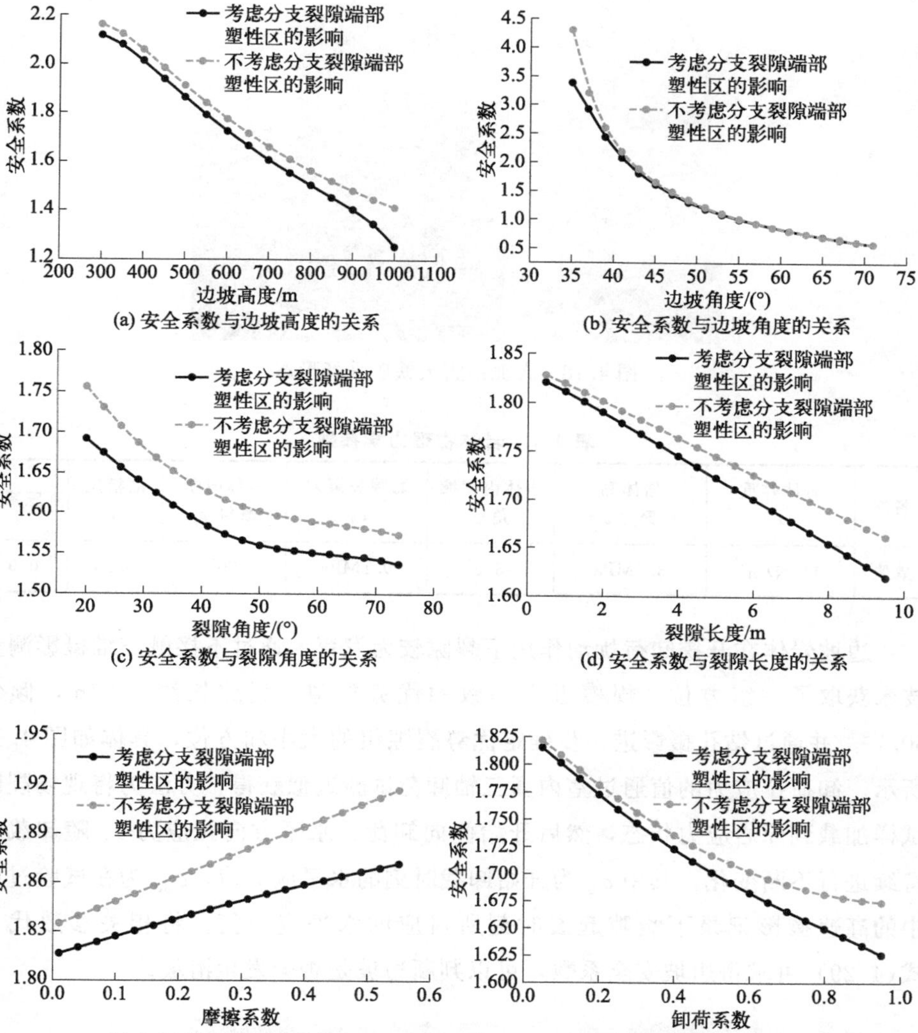

(a) 安全系数与边坡高度的关系　(b) 安全系数与边坡角度的关系

(c) 安全系数与裂隙角度的关系　(d) 安全系数与裂隙长度的关系

(e) 安全系数与摩擦系数的关系　(f) 安全系数与卸荷系数的关系

图 4.17　分支裂隙端部塑性区对安全系数的影响

边坡底部有少量磁铁石英岩。混合岩广泛出露于矿床的南西部和北西部，块体整体强度较高，多次地质构造运动的作用使节理裂隙较为发育，表现为碎裂型结构，其岩体力学性质与节理分布密切相关，构成了较为典型的金属露天矿节理岩体边坡。采场西南帮下盘边坡位于矿体坡顶标高＋66m，台阶高度 12m，总体边坡角 43°，台阶坡面角 50°。边坡岩体相关物理力学参数如表 4.1 所示。

图 4.18 大孤山露天铁矿采场形态

表 4.1 岩体物理力学参数

名称	岩体容重 γ	岩体黏聚力 c	岩体内摩擦角 φ	裂隙黏聚力 c_j	裂隙内摩擦角 φ_j	泊松比 μ	侧压系数
数值	$28kN/m^3$	3.5MPa	43.5°	0.1MPa	20°	0.25	0.5

边坡岩体在开挖卸荷扰动作用下裂隙较为发育，通过不接触三维摄影测量技术获取了一组方位、规模近乎一致的优势裂隙，裂隙长约 1.87m，倾角 50.2°，并通过钻孔摄影进一步确定优势裂隙组的大小和方位，具体如图 4.19 所示。卸荷拉应力的值通过室内真三轴卸荷试验近似获得，方法为将现场裂隙试样加载到原岩应力状态，然后开始侧向卸荷，水平方向拉应力 σ_3 随卸载的持续进行不断变化，其中 σ_0 为开始卸载时刻的水平应力值，σ_{3t} 为在试验过程中的高速摄影记录下裂隙起裂时刻所对应的水平应力值。将相关参数代入式(4.29) 可求得边坡安全系数，可以判断边坡是否会发生滑坡。

图 4.19 边坡岩体裂隙测量

从 4.2 节可知，开挖卸荷后岩体内裂隙尖端应力强度因子大于卸荷前，这就使岩体内原生裂隙几乎平行于坡面方向开始扩展。随着开挖的持续，边坡岩体内应力环境不断劣化，导致优势裂隙持续失稳扩展。图 4.20 所示为开挖卸荷次数与裂隙累积扩展长度的关系，在裂隙扩展前期，由于原生裂隙较小，所以扩展累计长度较小，但是当新形成的优势裂隙长度累积不断增加时，裂隙开始加速扩展，如果这时边坡岩体不加固处理，就会大大增加滑坡可能。

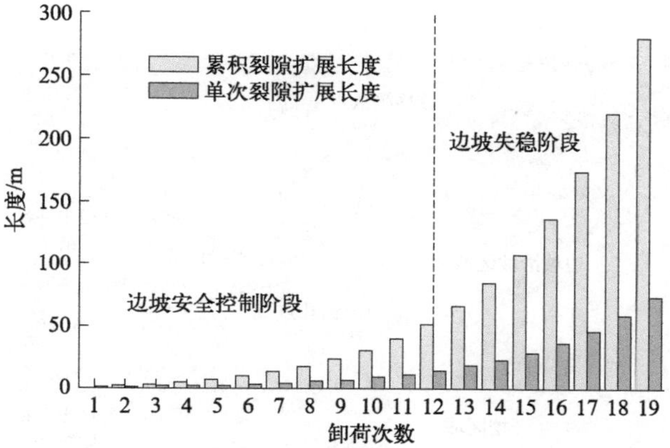

图 4.20　裂隙扩展长度计算结果

从图 4.21 可以看出，随着开挖卸荷次数的增加，边坡安全系数不断降低，开挖初期，安全系数降低幅度较小，后期降低幅度较大，这与裂隙扩展长度结果相对应，随着新生裂隙长度不断增加，大大增加了较大裂隙在单次扩展中贯通岩体的概率，边坡安全系数迅速降低。因此，在工程现场，能够准确探测出

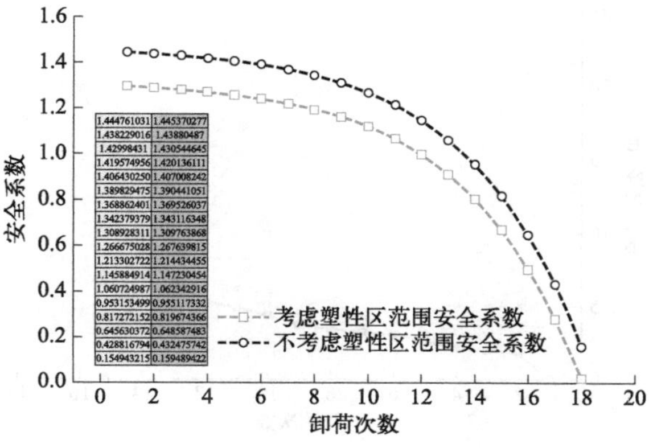

图 4.21　边坡安全系数计算结果

边坡岩体内优势原生裂隙组的规模和大小是边坡安全控制的基础和关键。图 4.21 显示考虑塑性区范围比不考虑时计算结果偏小，这验证了前面理论推导结果的准确性。

为更进一步确定本书所提方法的正确性和合理性，通过现场钻孔摄像和位移连续监测来进行验证。钻孔摄像可清楚观察到在爆破开挖的作用下裂隙扩展贯通情况。位移连续监测可明确边坡岩体是否发生位移突变。相关监测设置如图 4.22 所示，位移监测结果如图 4.23 所示。

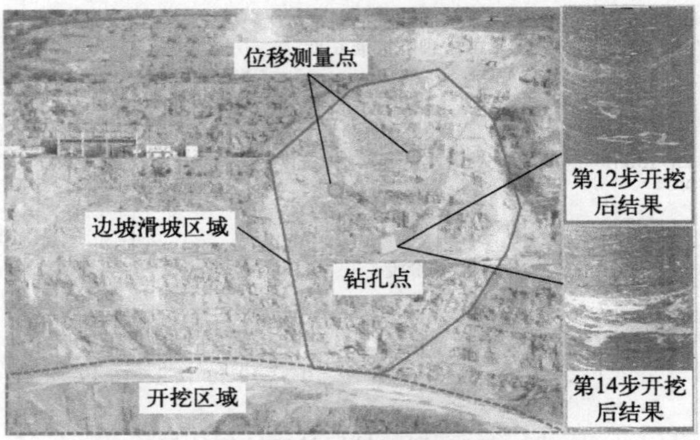

图 4.22　现场测点布置与钻孔窥视结果

从现场钻孔窥视结果可以明显看出，在第 14 次开挖以后出现明显的滑移带，图 4.23 位移监测结果显示第 14 次开挖后，垂直位移发生突变，表明边坡此时已经发生滑坡，而理论计算结果表明 14 次开挖以后，边坡安全系数小于 1，计算结果偏保守，上述结果表明本书所提方法安全可靠。

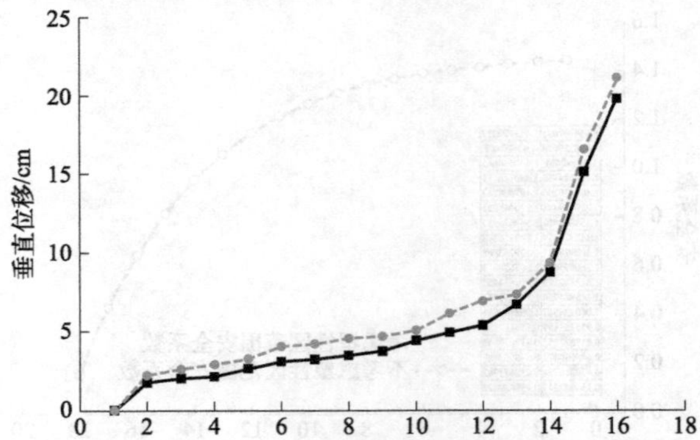

图 4.23　位移监测结果

4.6 开挖卸荷作用下含后缘裂隙坡体的断裂破坏机理

4.6.1 开挖卸荷诱发含后缘裂隙边坡失稳的力学基础

露天矿边坡在复杂的地质构造运动和外界荷载（开挖卸荷、爆破震动和降雨入渗）的扰动作用下会在坡顶形成深度不一的张拉裂隙，工程上称为后缘裂隙。边坡滑坡往往是这些裂隙与坡体下部蠕滑段或者弱层贯通所引发的。目前露天矿边坡正逐渐向深部开采转移，每一次的开挖卸荷都会引发边坡内部的高地应力释放与调整，坡体内部应力的调整使边坡后缘裂隙进一步扩展，多次扰动就会引发边坡失稳。随着开挖岩体表面的法向应力卸荷至 0，卸荷会使岩体产生差异回弹变形，这种变形会使坡体内产生方向向外的拉应力 T[40,190-192]，在拉应力 T 和滑体自重应力共同作用下，后缘裂隙起裂扩展，如图 4.24 所示。

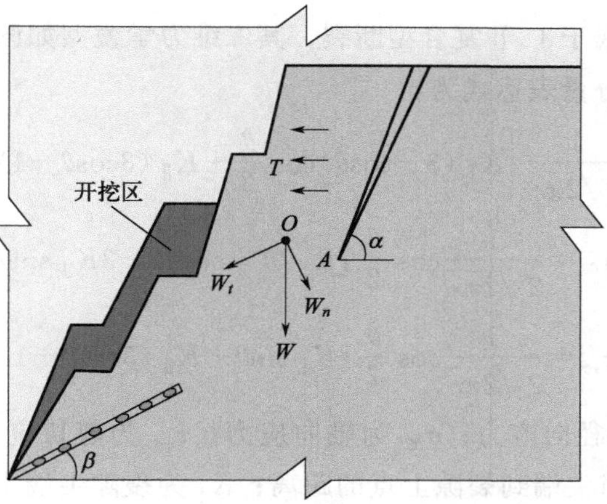

图 4.24 边坡滑动力学模型

在图 4.24 中，A 为后缘裂隙尖端，O 滑体重心位置，W_t 表示滑体在平行于下部裂隙方向的力，W_n 表示滑体在垂直于下部裂隙方向的力，将其分解到边坡后缘裂隙切向和法向的力分别为：

$$W_t = W\sin\beta \tag{4.41}$$

$$W_n = W\cos\beta \tag{4.42}$$

$$W_\tau = W_t\cos(\alpha-\beta) + W_n\sin(\alpha-\beta) \tag{4.43}$$

$$W_\sigma = W_t \sin(\alpha - \beta) - W_n \cos(\alpha - \beta) \tag{4.44}$$

$$W = \gamma V \tag{4.45}$$

式中，α 为后缘裂隙与水平方向的夹角；β 为下部裂隙与水平方向的夹角；W 为滑体重量；W_τ 为后缘裂隙的切向力；W_σ 为后缘裂隙的法向力；γ 为岩体容重；V 为滑体体积；T 为卸荷拉应力。

在采用上述力学模型进行理论分析时作出如下假设：a. 不考虑爆破荷载的影响；b. 不考虑水对岩体的弱化作用；c. 不考虑降雨荷载影响，这里主要分析边坡在自重和开挖卸荷作用的影响。

随着开挖不断向下进行，卸荷拉应力和滑体重力在后缘裂隙上的法向分力使裂隙宽度不断增加，切向分力使裂隙长度不断增加，后缘裂隙最终扩展至下部裂隙，在二者之间发生剪断破坏，造成边坡失稳。边坡频繁的开挖卸荷会引起边坡内应力场的变化，同时卸荷拉应力会对边坡的潜在滑动面造成一定影响，所以分析卸荷拉应力作用下的裂隙扩展对分析边坡的稳定性有着重要意义。

边坡后缘裂隙的受力模型，可简化为受到复杂应力和卸荷拉应力作用下的一个拉剪裂隙，属于Ⅰ-Ⅱ复合型断裂，其二维力学模型如图 4.25 所示，裂隙尖端极坐标应力分量表达式为：

$$\sigma_{rr} = \frac{1}{2\sqrt{2\pi r}}\left[K_{\mathrm{I}}(3-\cos\theta)\cos\frac{\theta}{2} + K_{\mathrm{II}}(3\cos\theta - 1)\sin\frac{\theta}{2}\right]$$

$$\sigma_{\theta\theta} = \frac{1}{2\sqrt{2\pi r}}\cos\frac{\theta}{2}\left[K_{\mathrm{I}}(1+\cos\theta) - 3K_{\mathrm{II}}\sin\theta\right]$$

$$\tau_{r\theta} = \frac{1}{2\sqrt{2\pi r}}\cos\frac{\theta}{2}\left[K_{\mathrm{I}}\sin\theta + K_{\mathrm{II}}(3\cos\theta - 1)\right] \tag{4.46}$$

式中，σ_{rr} 为径向应力；$\sigma_{\theta\theta}$ 为轴向应力；$\tau_{r\theta}$ 为剪切应力；θ 裂隙尖端扩展方向；r 为裂隙尖端到裂隙上点的距离；K_{I} 为裂隙尖端Ⅰ型应力强度因子；K_{II} 为裂隙尖端Ⅱ型应力强度因子。

根据最大周向拉应力准则，这里不考虑奇异应力项（T 应力）影响，Ⅰ-Ⅱ复合型裂隙会沿着最大拉应力 $\sigma_{\theta\theta\max}$ 方向扩展，岩体裂隙扩展起裂角 θ_0 方向满足：

$$K_{\mathrm{I}}\sin\theta_0 + K_{\mathrm{II}}(3\cos\theta_0 - 1) = 0 \tag{4.47}$$

当边坡裂隙尖端应力强度因子满足式(4.48) 时，裂隙起裂扩展。

$$\left[K_{\mathrm{I}}\cos^2\frac{\theta_0}{2} - \frac{3}{2}K_{\mathrm{II}}\sin\theta_0\right]\cos\frac{\theta_0}{2} = K_{\mathrm{IC}} \tag{4.48}$$

式中，K_{IC}为岩体断裂韧度。

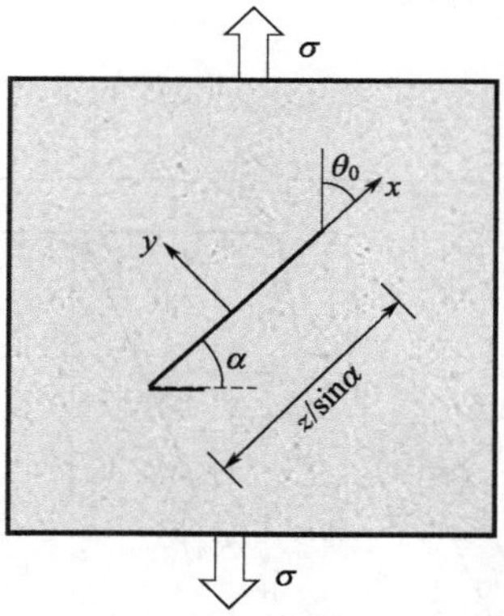

图 4.25　拉剪裂隙

4.6.2　开挖卸荷坡体后缘裂隙扩展力学模型

(1) 卸荷作用下后缘裂隙的起裂扩展

边坡下部岩体开挖之前，后缘张拉裂隙只受滑体自重的作用，随着开挖的进行，在坡体内产生由坡体指向坡面的卸荷拉应力，裂隙尖端应力强度因子增加，当其达到岩体断裂韧度时，裂隙起裂扩展。如图 4.26 所示为边坡后缘裂隙扩展概化模型，h 为裂隙平均高度，z 为裂隙垂直高度，a 为滑体重心到裂隙尖端的水平距离，b 为滑体重心到裂隙尖端的垂直距离，M 为滑体和卸荷拉应力对裂隙尖端产生的弯矩。

根据应力强度因子叠加原理，上部滑体自重和卸荷拉应力作用下后缘裂隙尖端应力强度因子可分解为如图 4.27 所示的结果，图中①～③分别为拉应力、剪切应力和弯矩，其裂隙尖端应力强度因子为：

$$K_{I1}=\sigma\sqrt{\pi(z/\sin\alpha)/2} \tag{4.49}$$

$$K_{I2}=\sigma_{max}\sqrt{\pi(z/\sin\alpha)/2} \tag{4.50}$$

$$K_{II3}=\tau\sqrt{\pi(z/\sin\alpha)/2} \tag{4.51}$$

$$\sigma=\frac{W_{\sigma}\sin\alpha}{h}+T\sin\alpha \tag{4.52}$$

$$\tau=\frac{W_{\tau}\sin\alpha}{h}+T\cos\alpha \tag{4.53}$$

$$\sigma_{\max}=6M/h^2 \tag{4.54}$$

式中，σ 为裂隙面上的拉伸应力；τ 为裂隙面上的剪切应力；$\sigma_{\max}$ 为最大拉应力；$M=Wa+Thb$。

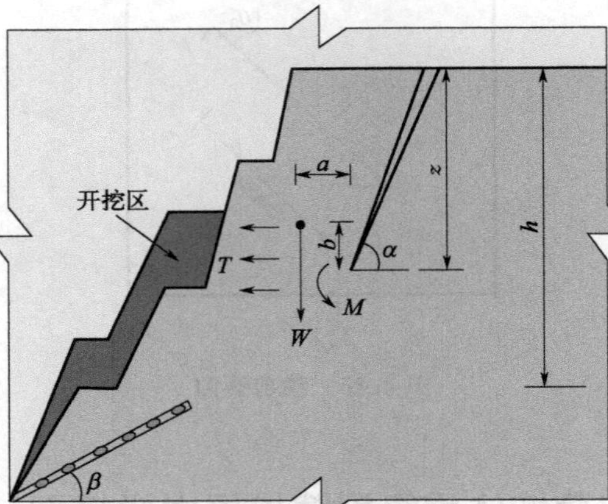

图 4.26　边坡后缘裂隙扩展概化模型

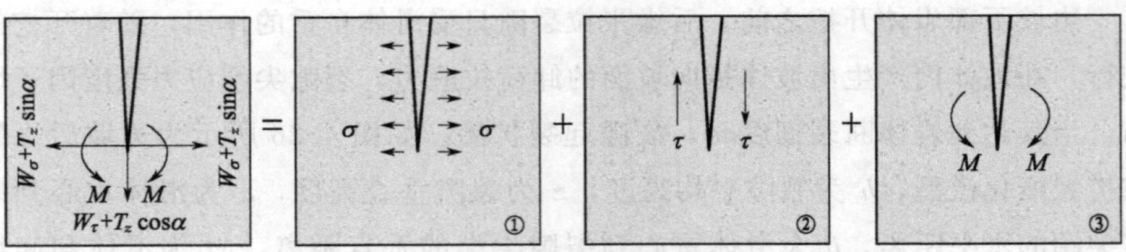

图 4.27　边坡后缘裂隙尖端应力强度因子的叠加原理示意图

因此，卸荷条件下边坡岩体后缘裂隙尖端应力强度因子为：

$$\left.\begin{aligned}K_{\mathrm{I}}&=K_{\mathrm{I1}}+K_{\mathrm{I2}}\\K_{\mathrm{II}}&=K_{\mathrm{II3}}\end{aligned}\right\} \tag{4.55}$$

将上述各式计算结果代入式(4.55) 可得卸荷条件下边坡后缘裂隙尖端应力强度因子为：

$$\left.\begin{aligned}K_{\mathrm{I}}&=\{[\gamma V\sin\beta\sin(\alpha-\beta)-\gamma V\cos\beta\cos(\alpha-\beta)]\sin\alpha/h+T\sin\alpha+6\gamma Va/h^2\}\sqrt{\pi(z/\sin\alpha)/2}\\K_{\mathrm{II}}&=\{[\gamma V\sin\beta\cos(\alpha-\beta)+\gamma V\cos\beta\sin(\alpha-\beta)]\sin\alpha/h+T\cos\alpha\}\sqrt{\pi(z/\sin\alpha)/2}\end{aligned}\right\} \tag{4.56}$$

由式(4.56) 可知，卸荷拉应力增大，边坡后缘裂隙尖端的Ⅰ和Ⅱ型应力强度因子都增大。将式(4.56) 代入式(4.47) 化解得：

$$\frac{[\gamma V\sin\beta\sin(\alpha-\beta)-\gamma V\cos\beta\cos(\alpha-\beta)]\sin\alpha/h+T\sin\alpha+6\gamma Va/h^2}{[\gamma V\sin\beta\cos(\alpha-\beta)+\gamma V\cos\beta\sin(\alpha-\beta)]\sin\alpha/h+T\cos\alpha}=\frac{1-3\cos\theta_0}{\sin\theta_0} \tag{4.57}$$

令式(4.57) 中等号左边等于 R，则可进一步求得裂隙起裂角 θ_0 为：

$$\theta_0=\arccos\frac{3+\sqrt{R^4+8R^2}}{R^2+9} \tag{4.58}$$

上式求得了卸荷状态下边坡后缘裂隙起裂角的大小。

根据前面分析，边坡后缘裂隙处于拉剪应力状态，裂隙起裂与否取决于岩石的Ⅰ型断裂韧度 K_{IC}，将式(4.56) 代入式(4.58) 可得卸荷条件下后缘裂隙尖端复合应力强度因子 K_{Ic} 为：

$$K_{Ic}=\{[\gamma V\sin\beta\sin(\alpha-\beta)-\gamma V\cos\beta\cos(\alpha-\beta)]\sin\alpha/h+T\sin\alpha+6\gamma Va/h^2\}\cos^3\frac{\theta_0}{2}\sqrt{\pi(z/\sin\alpha)/2}+\sin\theta_0\cos\frac{\theta_0}{2}\{[\gamma V\sin\beta\cos(\alpha-\beta)+\gamma V\cos\beta\sin(\alpha-\beta)]\sin\alpha/h+T\cos\alpha\}\sqrt{\pi(z/\sin\alpha)/2} \tag{4.59}$$

上式为边坡后缘裂隙起裂扩展的充要条件，当 $K_{Ic}\geqslant K_{IC}$ 时，裂隙起裂扩展。进一步对式(4.57) 化解可求得卸荷作用下后缘裂隙处于临界扩展状态时的垂直高度 z 为：

$$z=\frac{2\sin\alpha K_{IC}^2}{\left\{\begin{array}{l}\pi\{[\gamma V\sin\beta\sin(\alpha-\beta)-\gamma V\cos\beta\cos(\alpha-\beta)]\sin\alpha/h+T\sin\alpha+6\gamma Va/h^2\}^2\cos^6\dfrac{\theta_0}{2}\\+\sin^2\theta_0\cos^2\dfrac{\theta_0}{2}\{[\gamma V\sin\beta\cos(\alpha-\beta)+\gamma V\cos\beta\sin(\alpha-\beta)]\}\sin\alpha/h+T\cos\}^2\pi\end{array}\right\}} \tag{4.60}$$

通过上述边坡模型分析后缘裂隙几何参数对裂隙临界失稳高度和裂隙起裂角的影响，从式(4.57) 和式(4.60) 可以看出，直接关系边坡稳定性状态的主要因素有平均高度、裂隙倾角和卸荷拉应力，其他因素为岩体固有属性。根据现场坍塌剖面地质调查结果得出该矿山地层结构简单，岩体在外界环境荷载作用下裂隙较为发育。后缘裂隙倾角主要集中在38°～78°之间，其余角度裂隙随机散布在群集之间。下部裂隙角度 β 为43°，岩体断裂韧度为 $1.2\text{MPa}\cdot\text{m}^{1/2}$，岩石容重 25kN/m^3，滑体体积约为 $8\times10\text{m}^3$。本次分析采用控制变量法，通过现场调查，定义后缘裂隙倾角 α 在40°～90°之间变化，平均高度 h 在20～115m 之间变化。

将上述数据代入式(4.58)和式(4.60)便可得到后缘裂隙临界高度和起裂角随后缘裂隙倾角和拉应力 T 的变化关系，如图 4.28 所示。图 4.28(a) 为裂隙临界高度与裂隙倾角的变化关系，裂隙临界高度随裂隙倾角的增大而逐渐减小直至趋于稳定，其曲率逐渐降低直至趋于 0。说明后缘裂隙倾角为 90°时，裂隙最容易起裂扩展，当裂隙倾角较小时，上部滑体重量在垂直于裂隙方向上分解了一部分力，其尖端应力强度因子变小，当裂隙垂直时，滑体重力水平分力与卸荷拉应力全部作用于裂隙面，其尖端应力强度因子最大，裂隙最容易扩展，所对应的临界扩展高度最小。图 4.28(b) 是后缘裂隙起裂角与裂隙倾角的关系图，从图 4.28(b) 可以看出，起裂角与裂隙倾角近似呈现出线性关系，裂隙起裂角随裂隙倾角的增加而增大，说明裂隙倾角越大，裂隙越来越趋向于边坡坡面扩展，随着滑面的长度增加，边坡稳定性增加。从图 4.28 还可以看出，随着水平方向卸荷拉应力的增加，后缘裂隙临界扩展高度变小，起裂角变大，这二者的都是向边坡不稳定的方向变化。

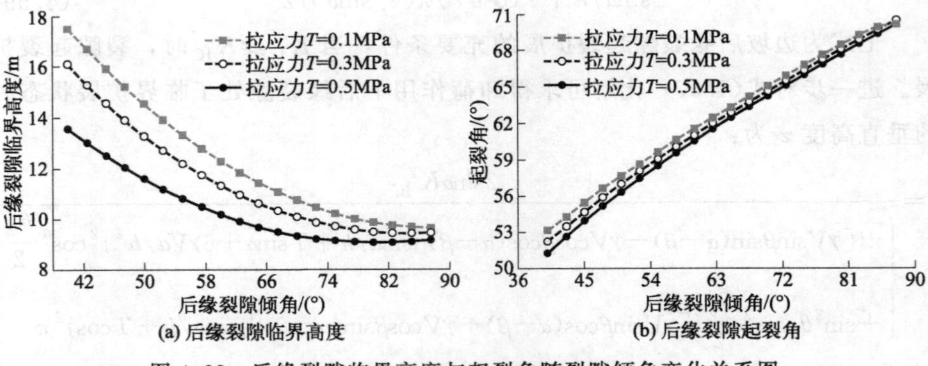

图 4.28　后缘裂隙临界高度与起裂角随裂隙倾角变化关系图

将上述数据代入式(4.58)和式(4.60)便可得到后缘裂隙临界高度和起裂角随平均高度和拉应力 T 的变化关系，如图 4.29 所示。后缘裂隙临界高度随平均高度变化关系如图 4.29(a) 所示，裂隙临界高度随平均高度的增大而逐渐增大，其曲率逐渐增大，说明平均高度越大，裂隙尖端应力强度因子越小，裂隙越不容易扩展，所对应的扩展临界高度就大，边坡越稳定。图 4.29(b) 是后缘裂隙起裂角与平均高度的关系图，裂隙起裂角随平均高度的增加而减小，其曲率逐渐减小直至为零。说明平均高度越大，裂隙越来越偏离边坡坡面扩展，导致滑面的长度增加，边坡稳定性增强。从图 4.29 还可以看出，随着水平方向卸荷拉应力的增加，后缘裂隙临界扩展高度变小，起裂角变大，这二者都是向边坡不稳定的方向变化。

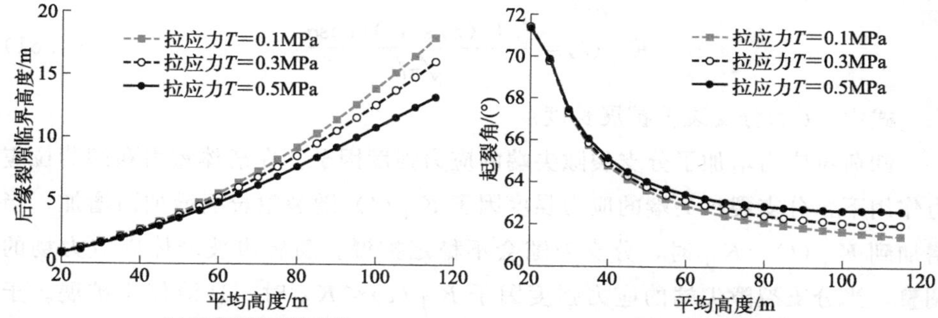

(a) 后缘裂隙临界高度　　(b) 后缘裂隙起裂角

图 4.29　后缘裂隙临界高度与起裂角随平均高度变化关系图

(2) 开挖坡体后缘裂隙扩展长度计算

前面就边坡后缘裂隙在开挖卸荷作用下的起裂条件和扩展方向进行了计算与分析，下面就裂隙起裂后如何扩展与贯通进行解释。边坡岩体在初始地质构造作用和外界荷载扰动下形成如图 4.30 所示的后缘裂隙 OA，在边坡开挖卸荷作用下不断扩展，最终与下部裂隙贯通，造成边坡滑坡的发生。第一次边坡开挖时，后缘裂隙在滑体自重应力和卸荷拉应力作用下裂隙尖端的应力强度因子大于岩体断裂韧度，裂隙按起裂角 θ_0 起裂扩展一定长度 AB，随后坡体应力场调整结束，岩体整体处于平衡状态，裂隙停止扩展。第二次开挖，在边坡岩体内应力场作用下，裂隙以初始等效长度 OB 为基础再次起裂扩展一定长度 BC，这样，边坡岩体每开挖一次，裂隙就扩展一次，扩展长度不断累积，最终与下部裂隙贯通。

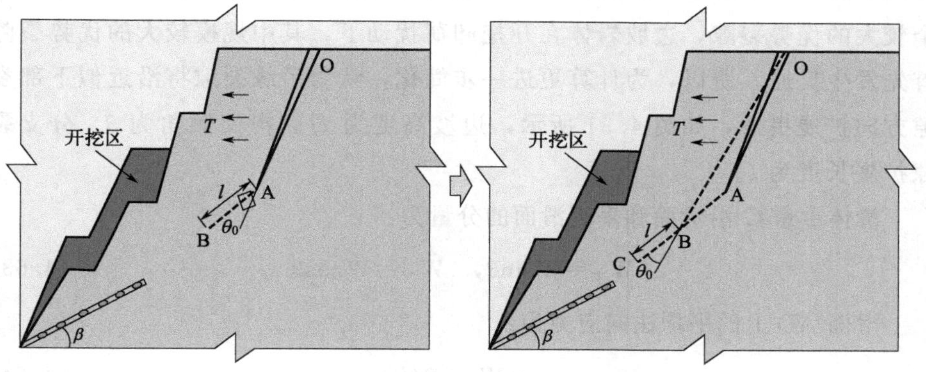

图 4.30　边坡后缘裂隙扩展贯通示意图

边坡岩体后缘裂隙扩展属于拉剪扩展，拉剪应力作用下分支裂隙尖端应力强度因子 $K_{\mathrm{I}}(l)$ 为：

$$K_{\mathrm{I}}(l)=\frac{5.18(z/\sin\alpha)\tau\cos\alpha}{\sqrt{\pi l}} \tag{4.61}$$

式中，l 为分支裂隙扩展长度。

卸荷拉应力增加了分支裂隙尖端的应力强度因子。在滑体重力和卸荷拉应力作用下，分支裂纹尖端的应力强度因子 $K_{\mathrm{I}}(l)$ 随裂隙长度增加而增加，当增加到 $K_{\mathrm{I}}(l)=K_{\mathrm{I}C}$ 时，分支裂隙会不稳定扩展。随着边坡岩体内应力场的调整，当分支裂隙尖端的应力强度因子 $K_{\mathrm{I}}(l)<K_{\mathrm{I}C}$ 时，裂隙停止扩展。于是可以获得分支裂隙扩展的长度为：

$$l=\frac{[5.18(z/\sin\alpha)\cos\alpha]^2\{[\gamma V\sin\beta\cos(\alpha-\beta)+\gamma V\cos\beta\sin(\alpha-\beta)]\sin\alpha/h+T\cos\alpha\}^2}{\pi K_{\mathrm{I}C}^2} \tag{4.62}$$

4.7 开挖卸荷作用下含后缘裂隙边坡稳定性分析

4.7.1 边坡安全系数推导

4.6 节计算了开挖卸荷作用下边坡岩体发生损伤破坏时分支裂隙扩展长度，本节从宏观角度进一步对边坡安全系数的求解进行推导。通过关于边坡开挖前后坡体内应力状态可知，不论开挖后裂隙的应力状态如何，单元体内的裂隙会沿着最大主应力方向扩展，即裂隙会沿着跟边坡开挖面近似平行的方向扩展，当扩展到一定规模时，边坡后缘裂隙和下部裂隙相当于岩体中两个较大的优势裂隙，边坡岩体在开挖卸荷扰动下，其中规模较大的优势裂隙首先发生贯通，所以，为计算更进一步简化，认为后缘裂隙将沿近似下部裂隙方向扩展贯通，如图 4.31 所示，边坡高度为 H，滑面倾角为 β，分支裂隙扩展长度为 l。

滑体重量 G 沿滑面和垂直滑面的分量为：

$$W_T=W\sin\beta,\quad W_N=W\cos\beta \tag{4.63}$$

滑面 AD 上的平均法向应力为：

$$\sigma_N=W\cos\beta/L_{AD} \tag{4.64}$$

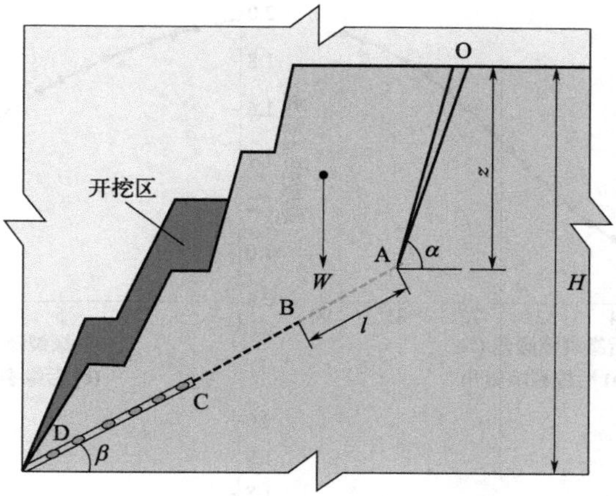

图 4.31　边坡滑面贯通受力示意图

在自重力作用下，滑面 AD 上所能承受的最大剪切力为：

$$F_T=(c+\sigma_N\tan\varphi)L_{BC}+(c_i+\sigma_N\tan\varphi_i)L_{AB}+(c_j+\sigma_N\tan\varphi_j)L_{CD} \tag{4.65}$$

式中，c 和 φ 为岩体的黏聚力和内摩擦角；c_i 和 φ_i 为已扩展裂隙面的黏聚力和内摩擦角；c_j 和 φ_j 为原下部裂隙面上的黏聚力和内摩擦角。

则考虑卸荷作用下裂隙扩展长度的边坡安全系数 K 为：

$$K=\frac{F_T}{W_T}=\frac{(c+\sigma_N\tan\varphi)L_{BC}+(c_i+\sigma_N\tan\varphi_i)L_{AB}+(c_j+\sigma_N\tan\varphi_j)L_{CD}}{W\sin\beta} \tag{4.66}$$

当 $K>1$ 时，说明岩桥所能承受最大剪切力大于作用于结构面的下滑力，边坡处于稳定状态；当 $K<1$ 时，说明岩桥所能承受最大剪切力小于作用于结构面的下滑力，边坡处于不稳定状态；当 $K=1$ 时，说明岩桥所能承受最大剪切力等于作用于结构面的下滑力，边坡处于极限平衡状态。

4.7.2　影响因素分析

根据式(4.66) 可知安全系数主要与后缘裂隙倾角、后缘裂隙长度、平均高度、起裂角、断裂韧度、下部裂隙角度和卸荷拉应力等因素有关，具体变化关系如图 4.32 所示。起裂角通过后缘裂隙几何参数求得。从图 4.32(a) 可以看出边坡安全系数随裂隙倾角的增加而增大，但在局部存在一定波动，这是上

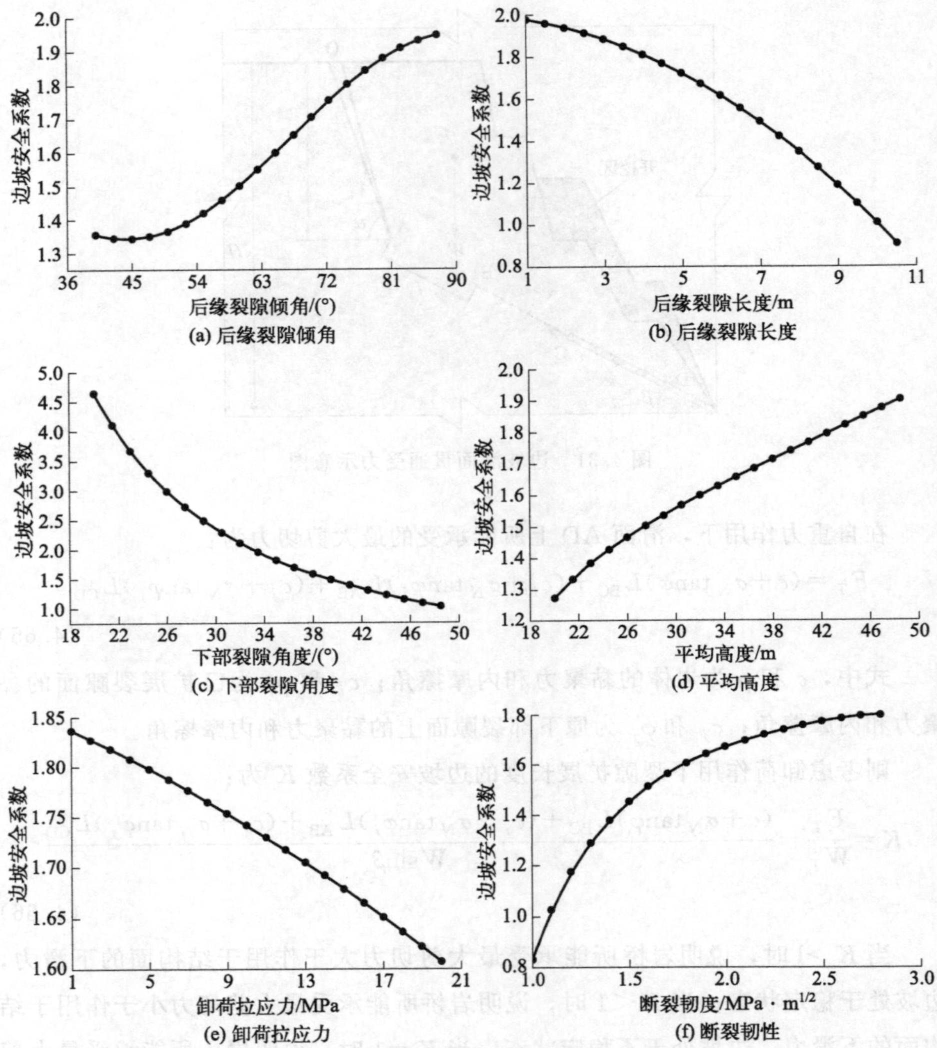

图 4.32 边坡安全系数的影响因素分析结果

部结构面拉应力和剪切应力随裂隙倾角的变化而交替变化所导致的。从图 4.32(b) 可以看出边坡安全系数随裂隙长度的增加而减小，其曲率呈逐渐增加趋势，这是因为裂隙越长，其尖端应力强度因子越大，分支裂隙扩展长度越大，边坡越不稳定。从图 4.32(c) 可以看出边坡安全系数随下部裂隙角度的增加而减小，其曲率呈逐渐减小趋势，这是因为裂隙角度越大，滑动面长度越小，边坡越不稳定。从图 4.32(d) 可以看出边坡安全系数随平均高度的增加而增加，近似呈线性关系，这是因为平均高度越大，滑动面长度越大，边坡越稳定。从图 4.32(e) 可以看出边坡安全系数随卸荷拉应力的增加而减小，近似呈线性关系，这是因为卸荷拉应力越大，裂隙扩展长度越大，边坡越不稳定。从图 4.32(f) 可以看出边坡安全系数随断裂韧度的增加而增加，其曲率呈逐渐减小趋势，这是因为断裂韧度越大，分支裂隙扩展长度越小，边坡越稳定。

4.7.3 工程实例分析

齐大山铁矿位于辽河冲积平原的边缘地带，矿区东部为千山山脉。该矿年生产铁矿石达 1700 万吨，东帮边坡已开采到 －230m 水平，整体坡角达 52°，目前开采还在不断向深部进行，已逐渐成为深凹露天矿。受边坡开挖卸荷和两次滑坡牵引作用，在东帮 －40m 平台处出现后缘拉裂隙，对边坡稳定性产生严重影响。本节以齐大山铁矿该区域边坡为工程背景来验证上述理论模型的合理性。

本局部边坡之前已经发生两次小规模牵引式滑坡，如图 4.33(a) 所示，且在 －40m 平台出现规模较大的后缘裂隙，如图 4.33(b) 所示。随下部采场采掘加深，存在大范围边坡滑坡的可能。经现场勘察发现，该边坡滑体体积 V 约为 $4.4\times10^3\text{m}^3$，边后缘存在一条长度达 460m，深度约 13m，方向近似垂直的拉裂隙，平均高度达 86m，重心到裂隙尖端的水平距离 a 为 0.8m。通过已经发生滑坡区域发现在下部坡脚位置存在剪切出口，其结构面长度约 35m，倾角为 38°左右。卸荷拉应力的取值通过室内真三轴卸荷试验近似获得，将现场裂隙试样加载到原岩应力状态，开始侧向卸荷，随着卸载的持续进行，水平方向拉应力 σ_3 在不断变化，可通过式 $\sigma_3=\sigma_0-\sigma_{3t}$ 求得，其中 σ_0 为开始卸载

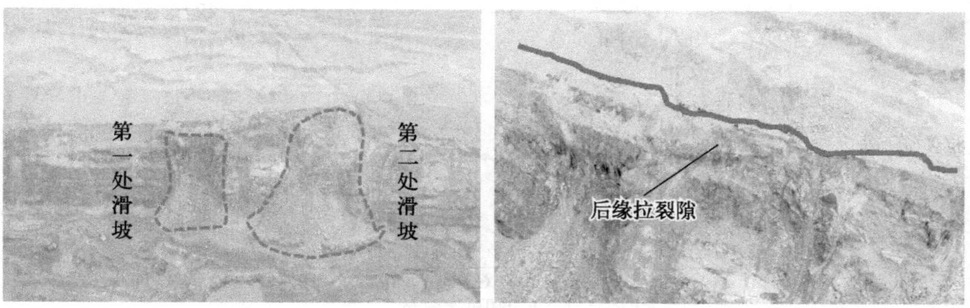

(a) (b)

图 4.33 边坡破坏现状图

时刻的水平应力值，σ_{3t} 为在试验过程中的高速摄影记录下裂隙起时刻所对应的水平应力值[19]，大小为 0.5MPa。通过现场取样和相关岩石力学试验得到具体岩体相关物理力学参数如表 4.2 所示。该东帮边坡地质剖面图和概化后的裂隙边坡计算力学模型如图 4.34 所示。

表 4.2　岩体物理力学参数

名称	断裂韧度	岩石容重	岩石黏聚力	岩石内摩擦角	裂隙面黏聚力	裂隙面内摩擦角
数值	$1.2\text{MPa}\cdot\text{m}^{1/2}$	26kN/m^3	5.332MPa	43.6°	0.112MPa	24.6°

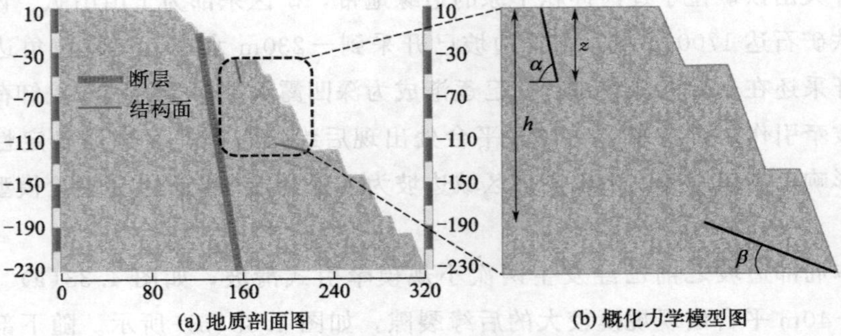

(a) 地质剖面图　　(b) 概化力学模型图

图 4.34　齐大山铁矿东帮边坡地质剖面及概化力学模型图

将上述相关参数代入式(4.60) 可以求得裂隙扩展临界高度为 2.24m。这表明此处后缘裂隙高度已经远远超过其临界扩展高度，在卸荷扰动作用下，裂隙极易发生扩展失稳。将所求起裂角代入式(4.62) 可求得分支裂隙扩展长度，进一步代入式(4.66) 可求得开挖完每一步后边坡安全系数，计算结果如图 4.35 所示。

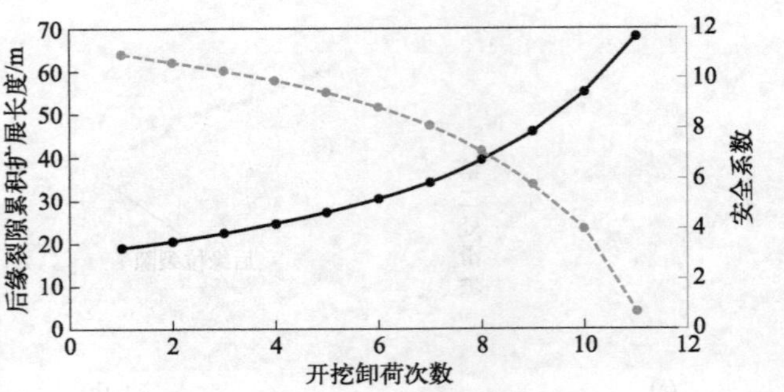

图 4.35　计算结果图

从图 4.35 可知，随着卸荷次数的增加，安全系数逐渐降低，开挖次数越多，安全系数降低的速度越快。这表明卸荷扰动次数越多，边坡越容易发生突变失稳。

为更进一步确定本书所提方法的正确性和合理性，通过现场钻孔摄像和位移连续监测来进行验证。钻孔摄像可清楚观察到随着爆破开挖次数的增加，裂隙扩展贯通情况。位移连续监测可明确边坡岩体是否发生位移突变。相关监测设置如图 4.36 所示，位移监测结果如图 4.37 所示。

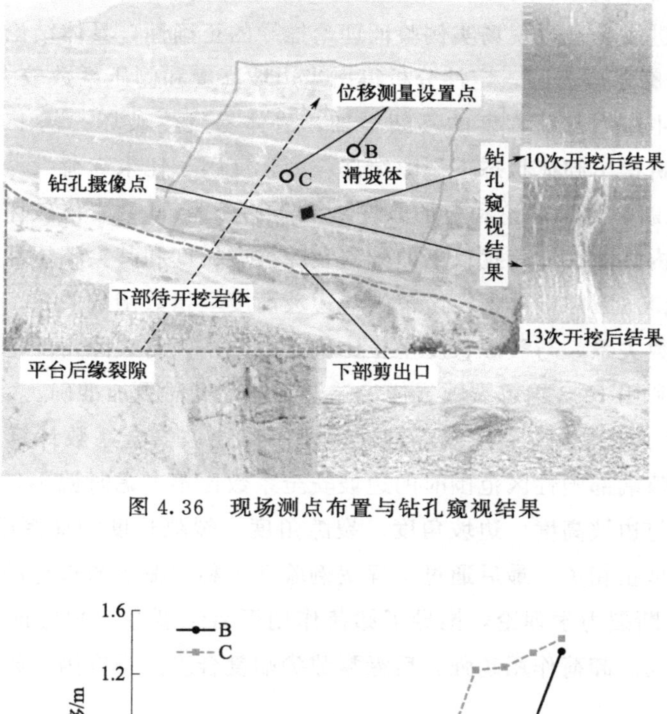

图 4.36　现场测点布置与钻孔窥视结果

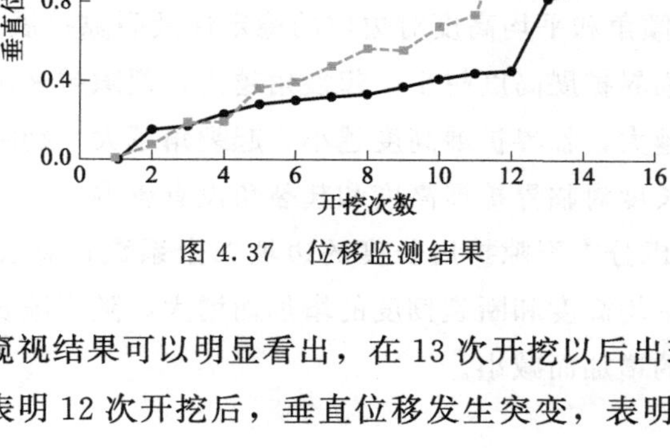

图 4.37　位移监测结果

从现场钻孔窥视结果可以明显看出，在 13 次开挖以后出现明显的滑移带，位移监测结果也表明 12 次开挖后，垂直位移发生突变，表明边坡此时已经发生滑坡，而理论计算结果表明 11 次开挖以后，边坡安全系数小于 1，计算结果偏保守，上述结果表明本书所提方法安全可靠。

4.8 本章小结

本章以边坡弱卸荷区岩体为研究对象，从宏观角度揭示了开挖卸荷条件下含内部裂隙和后缘裂隙露天矿岩质边坡的失稳机理。从理论角度揭示了开挖卸荷条件下含内部裂隙和后缘裂隙边坡岩体断裂破坏机理，推导了边坡安全系数计算公式，进一步通过现场实例验证理论推导的正确性，具体结论如下：

① 基于摩尔应力圆，定性分析得出当边坡高度和侧压系数较大的情况下，随岩体最小主应力卸荷程度的不断增加，岩体易发生破坏；基于断裂力学理论，定量分析得出卸荷状态下裂隙端部应力强度因子比未卸荷大。

② 基于断裂力学理论和叠加原理，结合 M-C 和 H-B 岩体破坏准则，推导了边坡岩体内裂隙在卸荷扰动下的分支裂隙扩展长度和其尖端塑性区范围计算公式，计算得出裂隙端部塑性区范围与边坡高度呈指数函数关系，与边坡角度呈反对数函数关系，与裂隙长度呈正比例函数关系，与裂隙角度呈周期波动函数关系，且利用 H-B 求解裂隙岩体尖端塑性区范围时更加准确。

③ 推导了考虑分支裂隙端部塑性区范围时边坡安全系数计算公式，并且考虑分支裂隙端部塑性区范围时的边坡安全系数比不考虑时偏小，计算得出边坡安全系数与边坡高度、边坡角度、裂隙角度、裂隙长度卸荷系数呈负相关，与摩擦系数呈正相关。最后通过工程案例验证了相关概念与理论的正确性。

④ 基于断裂力学理论，推导了卸荷作用下后缘裂隙起裂方向与临界扩展高度计算公式。卸荷作用越强，后缘裂隙尖端复合应力强度因子越大，边坡的稳定性越差。

⑤ 后缘裂隙倾角和平均高度对边坡的稳定性及裂隙扩展方向有重要影响。裂隙倾角越大，临界扩展高度越小，起裂角越大，裂隙越来越趋向于边坡坡面扩展；平均高度越大，临界扩展高度越小，起裂角越大，裂隙越来越偏离边坡坡面扩展。裂隙长度对临界扩展高度和起裂角没有影响。

⑥ 给出了考虑分支裂隙扩展长度的边坡安全系数计算公式。边坡安全系数随裂隙倾角、平均高度和断裂韧度的增加而增大，随裂隙长度、下部裂隙角度和卸荷拉应力的增加而减小。

第5章

露天矿岩质边坡裂隙测量与卸荷破坏的数值模拟

露天矿边坡岩体内随机分布着大量的裂隙和断层等不连续结构面，对边坡岩体的变形和破坏特征有重要影响。目前关于裂隙对细观岩体的损伤弱化机理方面的研究取得了较为丰富的成果，但只局限于小规模岩石试样的研究，并不能真实反映裂隙对大尺度宏观工程岩体的损伤劣化作用。快速发展的数值仿真计算软件 PFC，由于能够模拟岩体的不连续力学特性，已成为研究含随机裂隙工程岩体损伤破坏问题的一种有效工具。

本章以辽宁鞍山大孤山铁矿某岩质边坡调查点为背景，基于非接触摄影测量系统（3GSM）获取岩体裂隙基本参数，并进行裂隙产状模糊 C 均值聚类分析，确定优势裂隙组划分，进一步确定优势裂隙组随机分布参数。在此基础上，基于 Monte-Carlo 随机原理，构建与边坡结构面具有相似分布规律的三维网络模型。从大孤山铁矿边坡概化出四个不同高度边坡模型，借助 PFC 数值计算软件，探讨了不同开采水平下坡体位移场和裂隙发展的时空演化规律以及边坡的破坏模式。

5.1 大孤山铁矿地质概况

大孤山铁矿（图 5.1）是鞍钢磁铁矿石原料的主要生产基地之一，有 60

余年的开采历史，现有采区开采水平已达到－300m，二期设计境界最终底标高为－450m，坡顶地面表标高在70～190m水平之间，边坡最终设计高度约650m，计划2026年结束露天开采。西北帮边坡岩体主要以混合岩（太古代花岗岩）为主，其间有泥石英片岩岩脉发育，边坡底部有条带状含铁石英岩。混合岩在边坡西北帮广泛出露，岩体整体强度较高，采区岩体受多次构造运动的作用使得裂隙较为发育，岩层物理力学性质差异较大，是典型的裂隙岩体高边坡。

图5.1　大孤山铁矿采场形态

该矿岩石富水性弱，矿床水文地质条件简单，坑内充水主要为岩石本身的裂隙水，水量较小，矿区地表水体不发达。该区是较为典型的大陆性季风暖温带气候区，气候多变，四季分明。多年监测显示年平均气温8.8℃，年平均蒸发量1058.5mm，降水量720.6mm，冻土平均深度达91mm，矿区的地震振动加速度峰值能达到0.1g，反应谱特征周期达到0.35s，表明该矿区位于Ⅶ级的地震烈度区。

大孤山铁矿主要在太古代时期形成，因弓长岭花岗岩在震旦纪前的侵入而导致其变质，属鞍山型前震旦纪沉积变质铁矿床，岩体中等程度变质。矿床内有较为厚大的铁矿层，除此之外主要为绿泥石英片岩、花岗斑岩、千山花岗岩、混合岩等。岩石强度大部分较为坚硬，半坚硬的较少，岩体结构简单，裂隙等各种结构面普遍较为发育，属于简单类型的工程地质条件。

5.2 研究区域边坡岩体裂隙空间分布特征

5.2.1 裂隙现场调查与测量

边坡岩体内含有大量的随机裂隙，可划分为Ⅳ级结构面，主要是采区岩体受多次构造运动作用形成的，这构成了裂隙岩体边坡的初始损伤，确定其随机分布规律对露天矿边坡的影响是研究露天矿采动卸荷与损伤效应的基础。在大孤山铁矿西北帮选取一处岩质坡面调查点（图 5.2），通过岩体三维不接触测量系统 3GSM 对调查点结构面信息进行采集，该系统由一个立体单反变焦相机、三维图像模型重构软件和可视化分析软件构成。通过将相机获取的图片输入到分析软件中进行自动图像识别，可以获得裂隙面的空间产状信息（图 5.3）。

图 5.2　岩质边坡结构面调查点

图 5.3　调查点岩质边坡裂隙产状信息测量

5.2.2 裂隙实测样本的聚类分析

大孤山铁矿西北帮边坡裂隙较为发育，裂隙的产状和分布是影响边坡稳定性的主要因素，也是造成不规律滑坡发生的主要原因。本次岩质边坡调查点共采集样本 368 条，通过 Dips 软件对样本进行了聚类分析，如图 5.4 和图 5.5 所示。样本主要分为 2 个优势裂隙组，计为 2-1 和 2-2，平均产状分别为：130.6°∠50.2°、324.1°∠75.4°。区域的优势裂隙与总体边坡面 46°∠43°组合关系的赤平投影图如 5.6 所示。由图 5.4 和图 5.6 可以看出，采场边坡调查点区域有两组剪切裂隙发育，裂隙互相交叉切割岩体，破坏了岩体的完整性，对矿山安全生产产生严重影响。

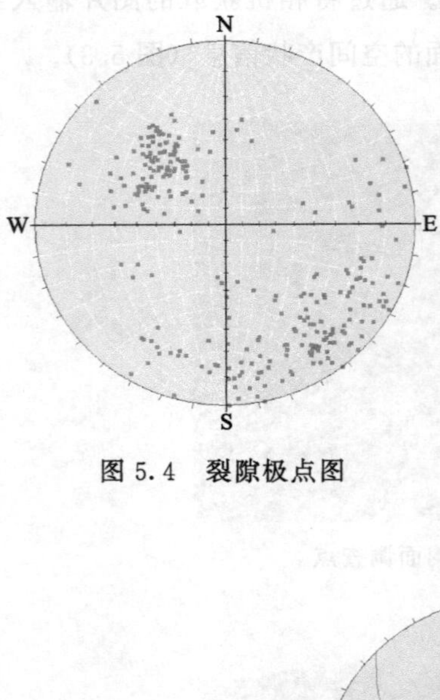

图 5.4 裂隙极点图

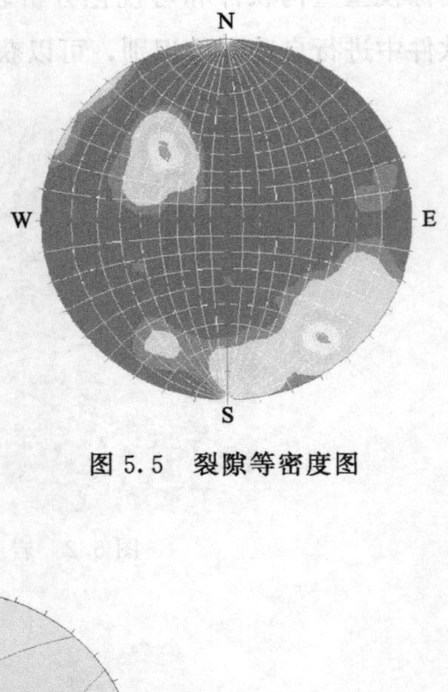

图 5.5 裂隙等密度图

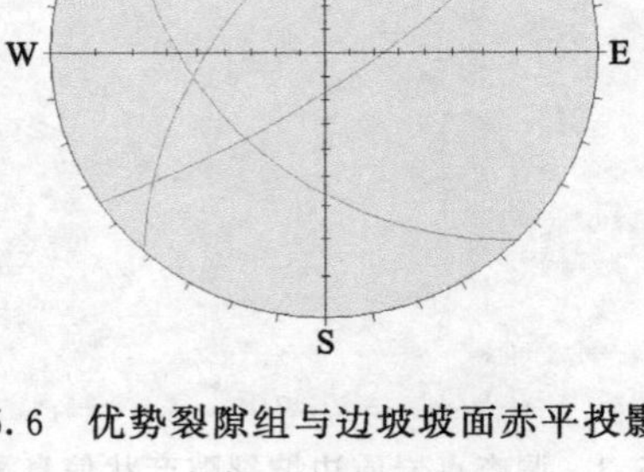

图 5.6 优势裂隙组与边坡坡面赤平投影图

5.2.3 裂隙地质参数的确定

根据调查点裂隙优势组聚类分析结果，运用统计学的方法对各优势组产状频率分布进行统计分析，绘制各优势组产状和参数分布直方图，拟合出各优势组裂隙产状和参数的概率拟合曲线，如图 5.7 和图 5.8 所示。从图中可以看出，各优势组裂隙产状符合正态分布，各优势组裂隙参数符合负指数分布。

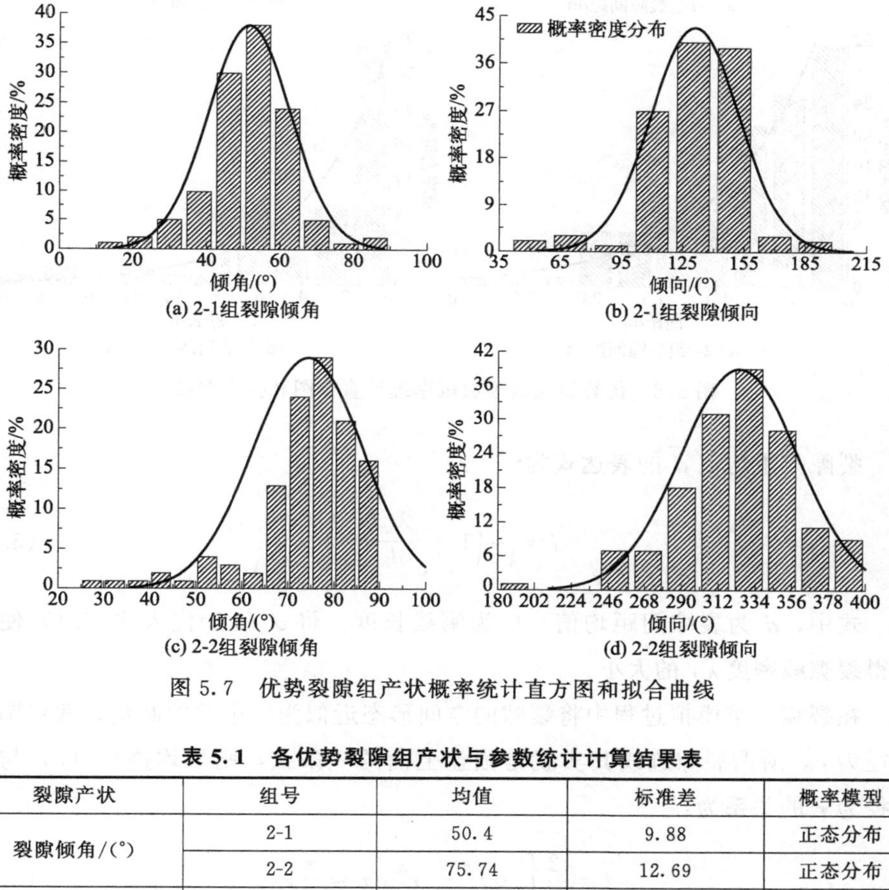

图 5.7　优势裂隙组产状概率统计直方图和拟合曲线

表 5.1　各优势裂隙组产状与参数统计计算结果表

裂隙产状	组号	均值	标准差	概率模型
裂隙倾角/(°)	2-1	50.4	9.88	正态分布
	2-2	75.74	12.69	正态分布
裂隙倾向/(°)	2-1	130.69	21.76	正态分布
	2-2	324.25	35.18	正态分布
裂隙间距/m	2-1	0.88	0.76	负指数分布
	2-2	0.76	0.64	负指数分布
裂隙迹长/m	2-1	2.94	3.25	负指数分布
	2-2	3.81	4.18	负指数分布

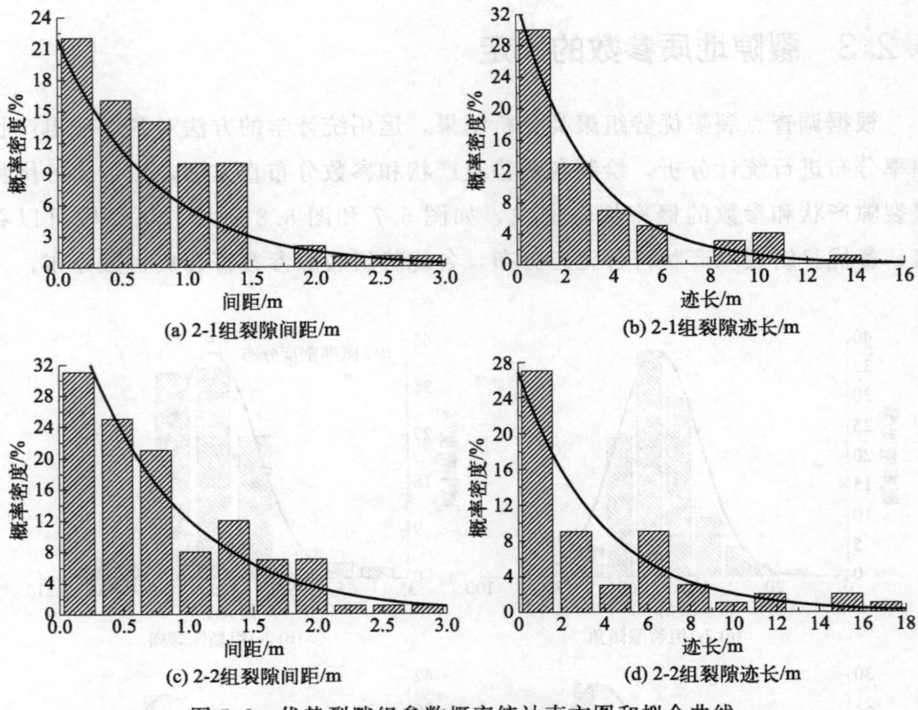

图 5.8　优势裂隙组参数概率统计直方图和拟合曲线

裂隙间距均值 $\overline{d}$ 的表达式为[181]：

$$\overline{d}=\frac{1}{\lambda_d}\left(1-\frac{\lambda_d L}{e^{\lambda_d L}-1}\right) \tag{5.1}$$

式中，$\overline{d}$ 为裂隙间距均值；L 为测线长度。将 $\overline{d}$ 和 L 代入式(5.1) 便可求得裂隙线密度 λ_d 的大小。

在裂隙三维模拟过程中将裂隙的空间形态近似为一个薄的圆盘，假定圆盘半径为 r，所谓裂隙迹线其实就是圆盘上面的一条弦，则平均迹长（$\overline{l}$）与盘半径为 r 的关系为：

$$\overline{l}=\frac{2}{r}\int_0^r \sqrt{r^2-x^2}\,dx=\frac{\pi}{2}r \tag{5.2}$$

根据分析可知，裂隙圆盘半径的概率密度分布函数为：

$$f_r(r)=\frac{\pi}{2\lambda}e^{-\frac{\pi}{2\lambda}r} \tag{5.3}$$

将式(5.3) 代入裂隙圆盘半径的函数表达式后计算可得裂隙圆盘半径均

值 $\overline{r}$：

$$\overline{r}=\int_0^{\infty} r f_r(r)\,\mathrm{d}r=\int_0^{\infty} r\,\frac{\pi}{2\lambda}\mathrm{e}^{-\frac{\pi}{2\lambda}r}\,\mathrm{d}r=\frac{2\lambda}{\pi}=\frac{2\overline{l}}{\pi} \tag{5.4}$$

裂隙体密度 λ_V 的含义为单位体积内裂隙圆盘的个数，其与裂隙线密度 λ_d 的关系可表示为：

$$\lambda_V=\frac{2\lambda_d}{\pi^2\overline{l}^2} \tag{5.5}$$

在体积为 V 的一定区域内裂隙数量 n 可表示为：

$$n=V\lambda_V \tag{5.6}$$

将表 5.1 中相关数据代入以上公式便可求得一定区域内裂隙线密度和体密度，如表 5.2 所示。

表 5.2　各优势裂隙模拟参数计算结果表

组号	平均间距 /m	平均迹长 /m	圆盘半径 /m	裂隙线密度 /条·m^{-1}	裂隙体密度 /条·m^{-3}
2-1	0.88	2.94	1.87	1.28	0.03
2-2	0.76	3.81	2.43	1.86	0.026

5.3　裂隙岩质边坡颗粒流数值模型

基于通用离散单元模型（DEM）框架设计的二维颗粒流计算程序（PFC^{2D}），作为一种公认的数值计算软件[158,182]，已被岩土和采矿工程界广泛应用。PFC^{2D} 通过颗粒间的相互作用来模拟材料的力学特性。圆盘形颗粒自身受力条件决定其基本运动状态，并且遵循牛顿定律，不需要单独考虑颗粒之间的变形协调、位移连续等问题，因此能够更恰当地解决非连续介质力学的问题。PFC 软件模拟岩体具有相当大的优势，岩体中裂隙的形成和发展过程可以通过 PFC^{2D} 颗粒之间接触、滑移、分离直观地模拟和再现。不连续和大变形是边坡失稳破坏的主要特征，因此，可以通过 PFC^{2D} 来研究裂隙岩体边坡的渐进破坏过程。

大量的不连续结构面（裂隙和断层）在露天矿边坡岩体内随机分布，这些不连续结构面在岩体不同部位分布密度和发育程度不同，使边坡裂隙岩体的完整性和岩石力学特往往存在较大差异。因此，在研究边坡的失稳破坏时，必须要考虑岩体内裂隙和断层等不连续结构面的影响。构建合理的裂隙岩体数值模型，对准确分析和评价边坡破坏特征和稳定性具有重要意义。

5.3.1 裂隙边坡颗粒流建模原理

在大尺度的工程岩体中存在大量随机裂隙，为了充分考虑裂隙对岩体性质的影响，准确认识和评价大尺度的工程岩体破坏特征和稳定性，将离散元方法和离散裂隙网络结合为一体的等效岩体技术已经被广泛利用[154]。该方法在颗粒流模型中主要通过将现场裂隙分布具有统计相似特征的离散裂隙网络模型（DFN）与可以反映完整岩体性质的平裂隙模型结合，生成可以反映大尺度的工程裂隙岩体的等效岩体模型（SRM），如图 5.9 所示。

(a) 平裂隙模型　(b) 二维裂隙网络模型(DFN)　(c) 等效岩体模型(SRM)

图 5.9　颗粒流 SRM 模型

5.3.2 裂隙网络模型的构建与检验

5.2 节确定了优势裂隙组产状、迹长和密度等随机分布参数，5.3 节利用 PFC 中内置的 FISH 语言，基于 Monte-Carlo 随机原理，重构了与边坡结构面具有相似分布规律的二维网络模型。如图 5.10(b) 所示为在 5m×5m 平面内重构的二维裂隙模型，模型建立以后，需要对生成的模型进行检验，以确定构建的裂隙模型是否与工程岩体中裂隙分布特征具有相似特征，常用的检验方法为图形检验。

在现场裂隙调查中，通过现场拍摄可以获得岩体露头裂隙的相关图片，将这些图片与数值计算软件中生成的二维裂隙模型进行比较，以验证生成裂隙模型的合理性，具体如图 5.10 所示，从图形展示结果可以看出，工程现场岩体裂隙分布与所建二维裂隙模型在产状、规模、密度上都具有较好的相似度，这也进一步说明，PFC 裂隙模型能够很好地模拟大尺度工程现场的裂隙分布状态与规律。

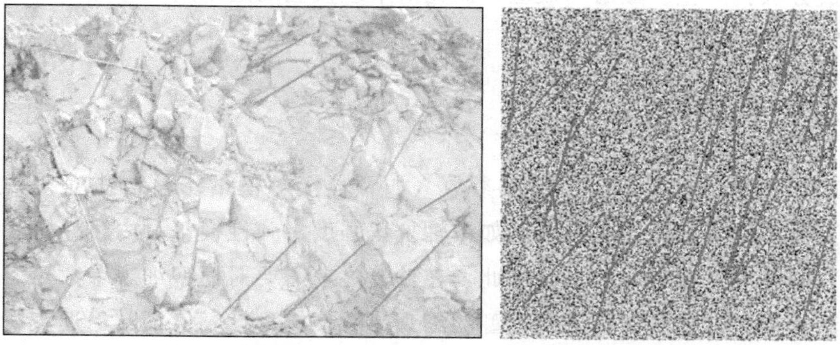

(a) 现场剖面裂隙分布　　(b) 二维裂隙网络模型

图 5.10　裂隙模型对比验证

5.4　模型选择与参数标定

5.4.1　模型选择

岩质边坡数值模型中，光滑节理模型是数值计算中生成裂隙采用的模型，表征边坡岩体所生成的颗粒之间黏结作用采用平节理模型，具体介绍如下。

(1) 平节理模型

平行连接模型存在的问题为颗粒集合体压拉比较小，一般为 3～5，而真正岩石类材料的压拉比为 10，二者相差较大，新开发的平节理模型（flat-joint contact model）使这一问题得到解决。平节理模型的开发基于边角咬合的岩石晶粒界面，其分段失效功能可以模拟岩体晶粒界面之间的渐进开裂失效过程。平节理黏结失效后，模型颗粒之间变为面-面接触，但仍可抵抗颗粒的相对转动，因此采用平节理模型的颗粒集合体时在单轴压缩过程中的峰值应力会明显大于平行连接模型，模拟结果更接近实际。本节在模拟颗粒之间连接效果时采用平节理模型。

(2) 光滑节理模型

光滑节理模型不考虑颗粒间连接方向，在模拟颗粒间的相对滑动时可以自由定义滑动方向。光滑节理模型的特点为在节理两侧颗粒做平面滑移。传统裂隙生成方法会产生“颠簸”效应，而光滑节理模型的运用则可避免这一现象的出现。

5.4.2 参数标定

PFC计算模型所采用的细观参数（如颗粒接触模量、黏结强度和摩擦系数等）与实际岩体的宏观参数（如单轴抗压强度、弹性模量、内摩擦角和黏聚力等）并没有直接对应关系，因此，在计算之前需要对模型细观参数标定，通常做法为通过试错法不断调整模型的细观参数使模型计算值不断逼近室内试验得到的真实值。

采用标准试件单轴压缩试验对平行黏结模型的计算细观参数标定，标定方法为不断调整模型试件计算细观参数，使其应力应变曲线与试验室标准试件的应力应变曲线变化规律基本一致，具体标定曲线如图5.11(a)所示。室内试验所得岩体单轴抗压强度为90.9MPa，模型细观参数具体标定结果见表5.3。

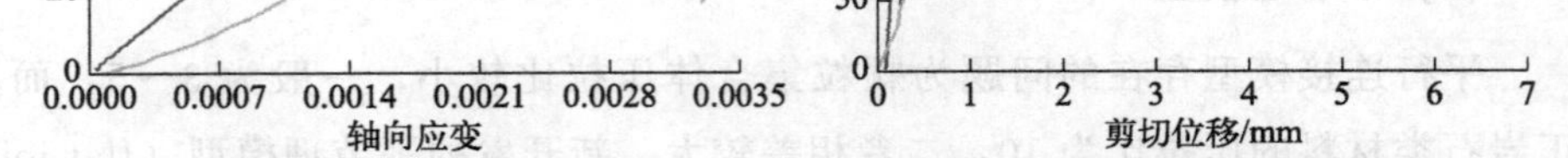

(a) 平节理模型参数标定曲线　　(b) 光滑节理模型参数标定曲线

图5.11 数值模型细观力学参数标定结果

表5.3 平节理模型细观参数

颗粒接触模量/Pa	颗粒刚度比	平节理有效模量/Pa	平节理刚度比	平节理抗拉强度/Pa	平节理内聚力/Pa	平行黏结摩擦角/(°)	摩擦系数	颗粒密度/kg·m^{-3}
7.7×10^{10}	1	7.7×10^{10}	1	9.2×10^{7}	9.2×10^{7}	30	0.57	2800

光滑节理模的具体标定通过直剪试验来实现。设置颗粒流模型计算的条件（几何尺寸、约束条件和加载条件）与试验室直剪试验所预定方案完全相同，颗粒流模型计算时颗粒间接触相关参数采用表 5.3 所得结果。通过不断调整数值模型相关计算参数，使最后所得计算曲线与试验室直剪试验所得曲线大小和走势基本一致，此时模型计算参数即为后续计算时光滑节理模型所赋值的参数。具体标定结果见图 5.11(b) 和表 5.4。

表 5.4　光滑节理模型细观参数

法向刚度 *sj_kn* /(Pa·m^{-1})	切向刚度 *sj_ks* /(Pa·m^{-1})	摩擦系数 *sj_fric*	黏结抗拉强度 /Pa	黏结内聚力 /Pa	黏结内摩擦角 *sj_fa*/(°)	剪胀角 *sj-da*/(°)
5×10^7	5×10^7	0.2	0	0	0	0

5.5　裂隙岩体尺寸效应分析

岩体尺寸效应是指岩体物理力学特性随岩体宏观尺寸变化而发生变化的现象。对 PFC 计算模型而言，岩体模型由不同尺寸颗粒组成，颗粒尺寸的大小会影响岩体力学特性；工程现场岩体中存在大量裂隙和断层等不连续结构面，这些不连续结构面在岩体中的随机分布导致岩体出现非均质和不连续的特征，且不同尺寸的岩体，其力学特性也存在很大差距，即所谓的岩体尺寸效应。本次研究主要以大孤山铁矿某边坡为研究对象，基于前面通过 PFC 计算软件建立的二维裂隙离散网络模型，成功构造了和现场边坡岩体内裂隙分布规律相似的工程规模计算模型，并对表征单元体及其力学参数展开了进一步探讨，为准确获取工程规模计算模型所需赋值参数提供了一种新的途径。

5.5.1　表征单元体及其尺寸

工程岩体中不连续结构面在岩体不同部位分布密度和发育程度不同，使岩体力学特性会随岩体尺寸的变化而发生变化，即所谓的岩体尺寸效应，当达到一定尺寸时，岩体力学参数不再随尺寸的变化而变化，此时岩体尺寸视为等效连续介质，其力学参数可反映真实岩体的力学参数，这个尺寸的岩体称为岩体表征单元体（representative elementary volume，REV）。通过固定模型中心不变，建立不同尺寸大小的颗粒流正方形模型，开展单轴压缩试验，以确定表征单元体尺寸和岩体力学参数。颗粒接触和裂隙赋参继续使用前面已经标定的细观参数。模型大小依次为 2m×2m、4m×4m、6m×6m、8m×8m、10m×10m、14m×14m、16m×16m、18m×18m、20m×20m，如图 5.12 所示。

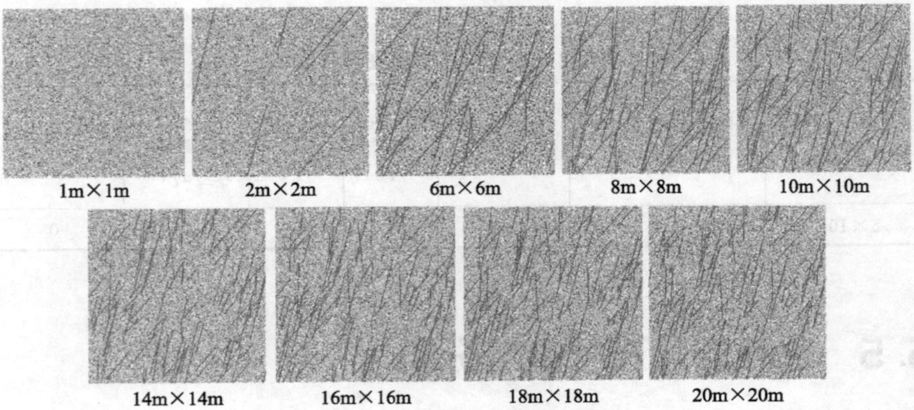

图 5.12　不同尺寸大小颗粒流模型

不连续结构面在计算模型中随机分布，因此在模型不同位置和尺寸的情况下其内部裂隙具有较大差异，且在较小模型尺寸下这种差异表现得更明显。当模型尺寸大于表征单元体的尺寸时，尺寸效应会显著减小，即岩体力学参数随模型尺寸的变化基本保持稳定。通过 6 个不同大小尺寸模型的单轴压缩试验，得到不同尺寸下模型的单轴抗压强度和弹性模量，如图 5.13 所示。

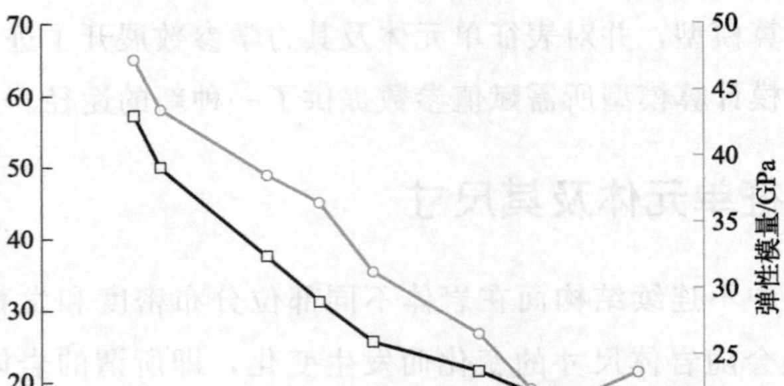

图 5.13　裂隙岩体力学参数随岩体尺寸变化规律

从图 5.13 可以看出，岩体单轴抗压强度随岩体尺寸的增加先减小后逐渐稳定，岩体尺寸从 16m 开始，单轴抗压强度逐渐平稳，因此可以认为表征单元体的边长尺寸为 16m×16m。岩体弹性模量随岩体尺寸的增加先减小后逐渐平稳，岩体尺寸从 18m×18m 开始，弹性模量逐渐稳定，因此可认为表征单元体的边长尺寸为 18m×18m。综合考虑，为计算结果准确，取较大值 18m×18m 为该工况条件下表征单元体，此时岩体的单轴抗压强度和弹性模量分别为 16.59MPa 和 21.96GPa。

5.5.2 工程岩体细观参数的确定

研究表明，裂隙岩体尺寸效应存在，同时确定了表征单元体尺寸为 18m×18m，当数值计算模型尺寸大于此值时，岩体力学参数不会随岩体尺寸的变化而变化，岩体可以视为等效连续介质。基于表征单元体的尺寸，进一步修正模型细观参数，最终确定当细观参数取值如表 5.5 所示时，与真实边坡岩体的宏观特性相一致。

表 5.5 模型细观参数

平裂隙有效模量/Pa	刚度比	平节理抗拉强度/Pa	平节理内聚力/Pa	平节理摩擦角/(°)	摩擦系数	法向刚度 *sj_kn*/Pa·m^{-1}	切向刚度 *sj_ks*/Pa·m^{-1}	摩擦系数 *sj_fric*	剪胀角 *sj-da*/(°)
1.5×10^9	1	5.3×10^5	8.7×10^5	26	0.53	2.3×10^7	2.3×10^7	0.3	3

5.6 裂隙边坡颗粒流开挖卸荷数值模型的建立

基于大孤山露天铁矿三期可行性研究和高边坡研究的需要，按照二期设计边坡结构参数将露天底延伸至－834m，最终边坡高度为 900m，将边坡模型合理简化处理，建立四个不同高度的 PFC^{2D} 边坡数值分析模型，以探究超高边坡、高边坡与中低边坡在卸荷扰动下破坏过程以及破坏模式之间的异同，具体如图 5.14 所示。总体边坡角 46°，共设置 56m 和 24m 两种台阶宽度，56m 宽度台阶为胶带系统翻卸水平，24m 宽度台阶为汽车运输平台。边坡岩体全部为混合岩性，坑底残留少量矿体不予考虑，模型颗粒接触参数和二维离散裂隙网络参数按前面标定的相关参数赋值。

初始模型形成后，设置边界条件，进行伺服计算，然后模拟形成原岩自重应力场。以最大模型为例对模型开挖和相关检测进行说明，模拟按－34m、－134m、－234m、－334m、－434m、－534m、－634m、－734m 和－834m 9 个水平进行开挖，分别对应边坡高度 100m、200m、300m、400m、500m、600m、700m、800m 和 900m。如果采场垂直向下延伸按每年 20m 估计，则可估算出露天矿所对应的生产服务年限为 5、10、15、20、25、30、35、40 和 45 年。模型上共设置三条测线，测线 1 埋深 180m，测线 2 埋深 380m，测线 3 埋深 580m。每条测线上布置距离坡面 10m、50m、100m、200m 4 个测点，布置距离坡面 10m、50m、100m、200m 4 个测量圆，其他模型监测点和测量圆设置距离坡面位置相同。不同高度边坡模型具体尺寸如图 5.14 所示。

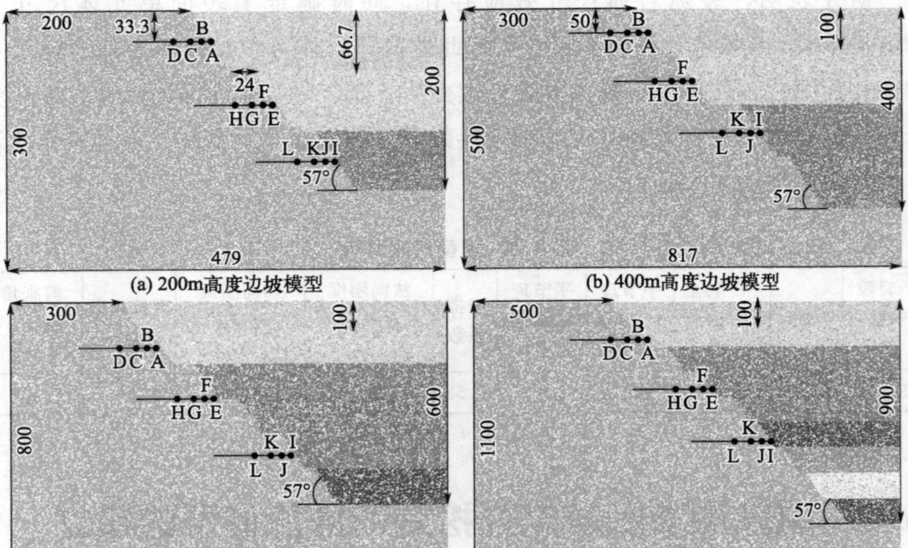

(a) 200m高度边坡模型　(b) 400m高度边坡模型

(c) 600m高度边坡模型　(d) 900m高度边坡模型

图 5.14　边坡数值计算模型及尺寸（m）

5.7　裂隙边坡颗粒流模拟结果分析

5.7.1　边坡开挖卸荷裂隙发展的时空演化规律分析

当数值计算模型中颗粒之间的黏结强度不能承受边坡开挖卸荷扰动作用所

产生的外力时，颗粒之间的连接就会发生拉伸或剪切破坏，于是在模型中就表现为裂隙的产生，下面从边坡开挖过程中裂隙产生及发展演化规律和裂隙数目统计结果来分析边坡的失稳变形滑移过程。

（1）200m 高度边坡模型

根据图 5.15 可以明显看出，边坡首次开挖完成后，边坡受到扰动区域主要出现在坡脚处，且是在靠近坡面一定范围内，此区域出现一定数量裂隙，坡体内有零星裂隙分布；第二次开挖之后，受开挖卸荷扰动影响，裂隙数量持续增加，在第二台阶靠近坡面位置形成裂隙集中，位移增大，破坏开始显现；第三次开挖之后，裂隙数量增加到峰值，主要集中在开挖面附近，遍布第二、三台阶坡面，延伸范围也有所增大，向坡里延伸约 60m，有颗粒在重力作用下开始滑出坡面，可看到此阶段边坡逐渐发生破坏。

图 5.15　200m 高度边坡开挖过程中裂隙时空演化规律

从图 5.16 看出，在边坡开挖过程中，出现的裂隙以张拉裂隙为主，表明开挖卸荷导致的边坡破坏以张拉破坏为主。裂隙出现主要集中在边坡开挖后约 5000 时步范围内，而后保持不变，表明开挖卸荷可能导致边坡瞬时失稳。

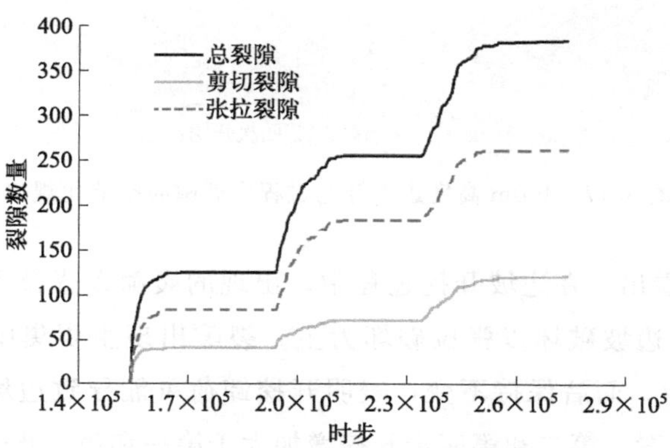

图 5.16　200m 高度边坡开挖过程裂隙数量统计

(2) 400m 高度边坡模型

根据图 5.17 可以明显看出，边坡首次开挖完成后，边坡受到扰动区域主要出现在坡脚处，且是在靠近坡面一定范围内，出现裂隙数量较少，零星分布于坡面和坡脚位置；第二次开挖之后，在开挖卸荷扰动作用下，裂隙数量增多，主要集中在第二台阶坡面位置；第三次开挖之后，裂隙数量继续增加，主要集中在第三台阶坡面位置，延伸范围有所增大，向坡里延伸约 60m，在重力作用下，部分颗粒出现滑出坡面的现象，边坡在此过程中出现渐进破坏趋势；第四次开挖之后，出现的裂隙数量稳步增加，开始达到最高值，可以明显看出在第三、四台阶坡面一定范围内裂隙发育充分，同时在第四台阶形成宏观裂隙带，即边坡发生滑坡，裂隙主要分布在靠近坡面一定范围内，形成卸荷区，卸荷区内部分颗粒下滑脱离坡面，形成局部台阶之间的小范围滑坡。

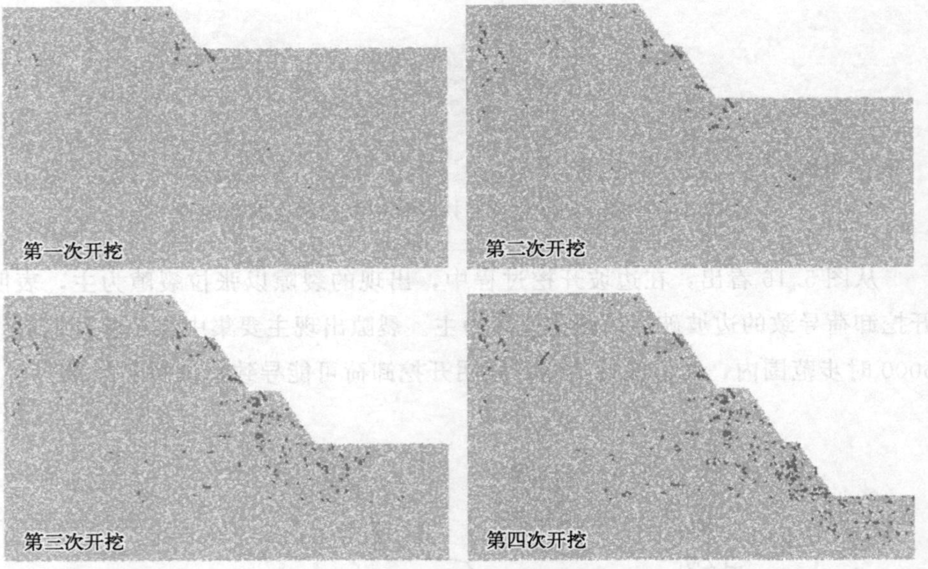

图 5.17　400m 高度边坡开挖过程中裂隙时空演化规律

从图 5.18 看出，在边坡开挖过程中，出现的裂隙以张拉裂隙为主，表明开挖卸荷导致的边坡破坏以张拉破坏为主。裂隙出现主要集中在边坡开挖后 5000 时步范围内，而后保持不变，表明开挖卸荷可能导致边坡瞬时失稳。从裂隙数量增长来看，第二和第四步开挖增加大于第一和第三步开挖，这可能是局部台阶破坏所导致。

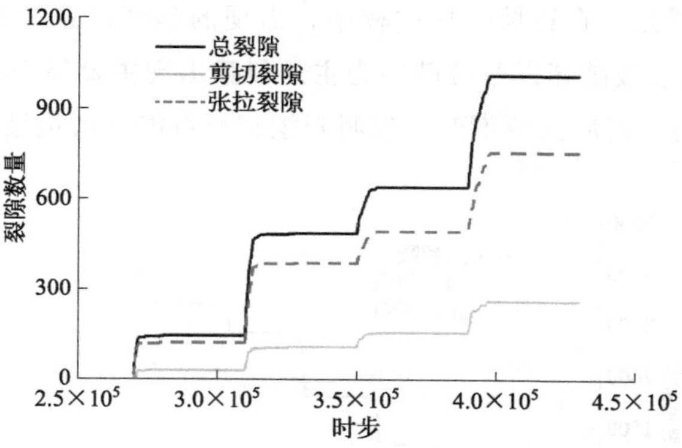

图 5.18　400m 高度边坡开挖过程裂隙数量统计

(3) 600m 高度边坡模型

根据图 5.19 可以明显看出，边坡首次开挖完成后，边坡受到扰动区域主要出现在坡脚处，且是在靠近坡面一定范围内，裂隙数量较少，零星分布于坡面和坡脚位置；第二次开挖之后，在开挖卸荷扰动作用下，裂隙数量增多，主要集中在第二台阶坡面位置；第三次开挖之后，裂隙数量继续增加，主要集中在第二和三台阶坡面位置，延伸范围有所增大，向坡里延伸约 60m；第四次开挖之后，裂隙数目进一步增多，裂隙遍布第二、三和四台阶坡面，第三和四台阶之间有局部贯通趋势；第五次开挖之后，裂隙继续增加，第四五台阶坡面裂隙数量多于前三台阶，这表明开挖深度越大，扰动越强烈；第六次开挖之后，裂隙数量达到峰值，在第六台阶坡面附近形成大量裂隙，第五和六台阶有局部贯通趋势。从整体来看裂隙主要分布在靠近坡面一定范围内，形成卸荷区，卸荷区内部分颗粒下滑脱离坡面，形成局部台阶之间的小范围滑坡。

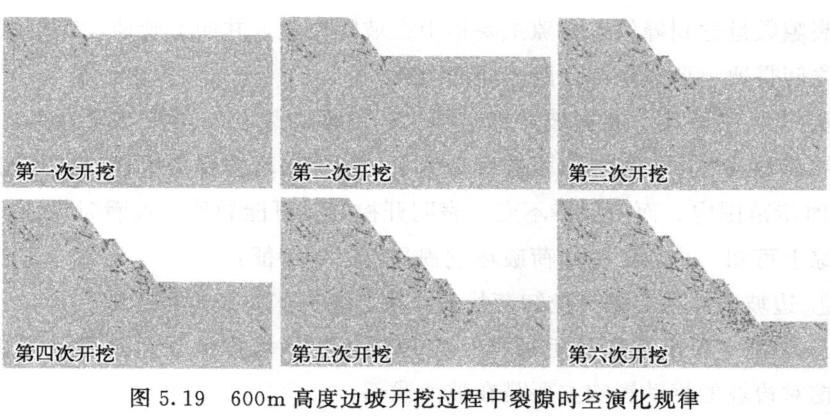

图 5.19　600m 高度边坡开挖过程中裂隙时空演化规律

从图 5.20 看出，在边坡开挖过程中，出现的裂隙以张拉裂隙为主，表明开挖卸荷导致的边坡破坏以张拉破坏为主。裂隙出现主要集中在边坡开挖后约 5000 时步范围内，而后保持不变，表明开挖卸荷可能导致边坡瞬时失稳。

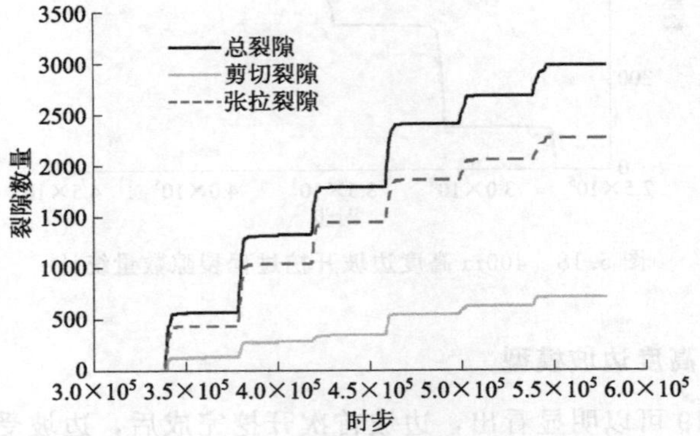

图 5.20　600m 高度边坡开挖过程裂隙数量统计

(4) 900m 高度边坡模型

根据图 5.21 可以明显看出，边坡首次开挖完成后，边坡受到扰动区域主要出现在坡脚处，且是在靠近坡面一定范围内，裂隙数量较少，零星分布于坡面和坡脚位置；第二次开挖之后，在开挖卸荷扰动作用下，裂隙数量增多，主要集中在第二台阶坡面位置；第三次开挖之后，裂隙数量继续增加，主要集中在第二和三台阶坡面位置，延伸范围有所增大，向坡里延伸约 60m；第四次开挖之后，裂隙数目进一步增多，在第四台阶坡面集中出现，有局部贯通趋势；第五、六和七次开挖后，裂隙不断增多，在卸荷面附近形成明显裂隙带，向坡里延伸约 100m，卸荷带范围较模型 1、2 和 3 明显增加，第八和九次开挖后，裂隙数量达到峰值，裂隙主要集中在坡脚位置，并向上延伸，在第八、九台阶之间贯通，形成局部台阶之间的滑坡。

从图 5.22 看出，在边坡开挖过程中，出现的裂隙以张拉裂隙为主，表明开挖卸荷导致的边坡破坏以张拉破坏为主。裂隙出现主要集中在边坡开挖后约 5000 时步范围内，而后保持不变，表明开挖卸荷可能导致边坡瞬时失稳。

综上可知，边坡开挖卸荷破坏过程具有以下特征：

① 边坡破坏主要是开挖卸荷扰动作用产生的张拉裂隙所导致。

② 裂隙主要出现在靠近坡面一定范围内，从坡面向里，裂隙数量减小，即开挖对边坡的扰动影响主要是在坡面浅部。

③ 裂隙初始出现在坡脚区域，而后向坡顶发展。

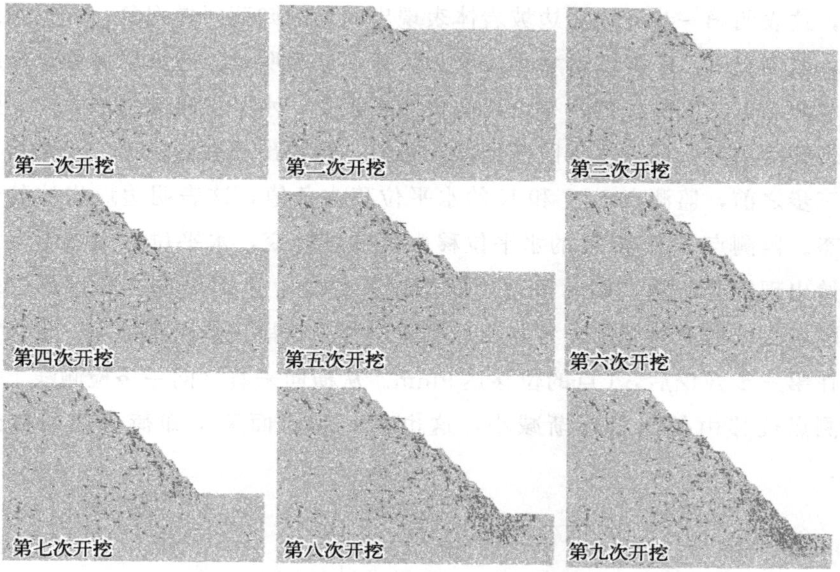

图 5.21　900m 高度边坡开挖过程中裂隙时空演化规律

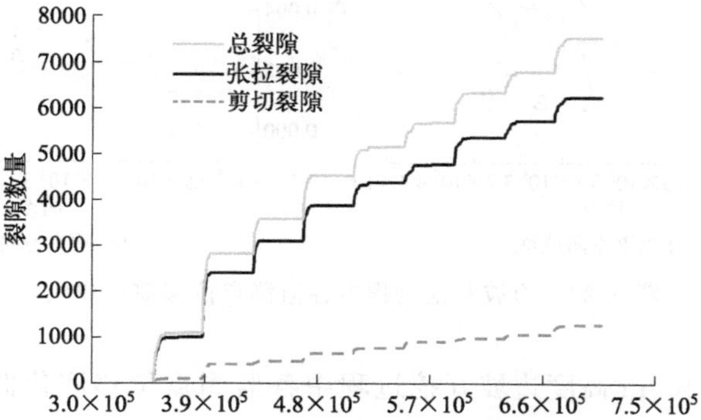

图 5.22　900m 高度边坡开挖过程裂隙数量统计

5.7.2　边坡开挖卸荷位移演化规律分析

图 5.23 为 200m 高度边坡开挖过程中各监测点位移演化曲线，随着边坡的不断开挖，各监测点发生位移的方向不同，规定水平向右为 X 方向的正向，

竖直向上为 Y 方向的正向。从图中可以看出，各监测点的位移变化趋势有所不同。第一步开挖后，监测点 A、B 和 C 水平位移从负变正，而竖向位移逐渐增加，这表明第一步开挖后边坡岩体表现出明显的卸荷回弹现象。开挖第二步之前，监测点 E、F 和 G 的水平位移为负值，这表明此处边坡岩体处于压缩状态。监测点 E、F 和 G 的水平位移由负向正转变，水平位移突然增大，岩体开始出现卸荷回弹，而后呈现阶跃型增长趋势，这都出现在开挖第二步之后。开挖第三步之前，监测点 I、J 和 K 的水平位移为负值，这表明边坡岩体处于压缩状态。监测点 I、J 和 K 的水平位移由负向正转变，水平位移突然增大，岩体开始出现卸荷回弹，而后呈现阶跃型增长趋势，这都出现在开挖第三步之后。随着边坡的不断开挖，各监测点竖向位移一直呈现阶跃型增大，最大位移发生在第三步开挖后，I 点的位移达 9mm。从横向来看，同一条检测线上的三个监测点位移由外向里逐渐减小，这也正好和前面关于卸荷分区的概念相一致。

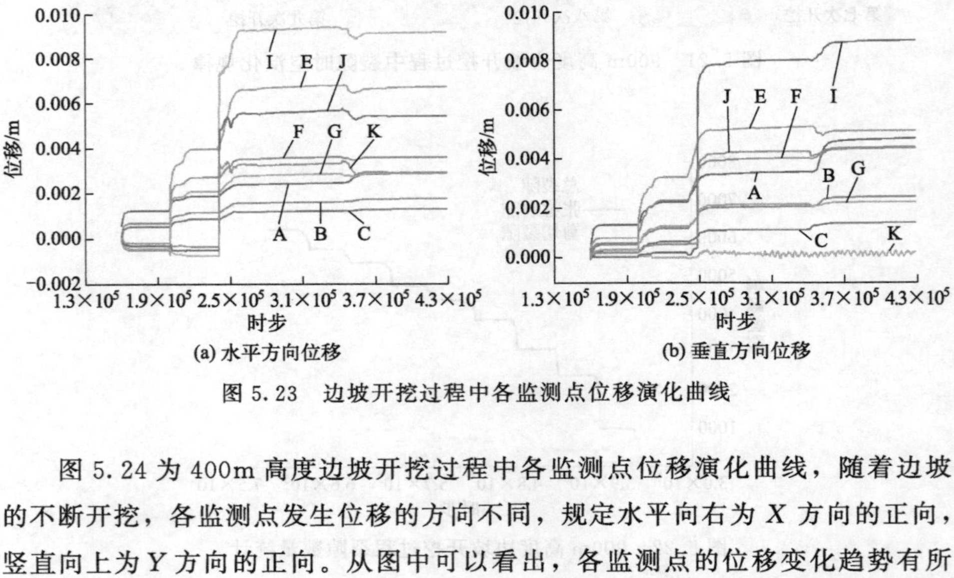

图 5.23　边坡开挖过程中各监测点位移演化曲线

图 5.24 为 400m 高度边坡开挖过程中各监测点位移演化曲线，随着边坡的不断开挖，各监测点发生位移的方向不同，规定水平向右为 X 方向的正向，竖直向上为 Y 方向的正向。从图中可以看出，各监测点的位移变化趋势有所不同。第一步开挖后，监测点 A、B 和 C 水平位移和竖向位移呈现阶跃型增加。第二步开挖前，监测点 E、F 和 G 水平位移为负值，第二步开挖后，E、F 和 G 点水平位移突然增大，变为正值，并呈现阶跃型增加，竖向位移卸荷回弹后向 Y 轴负向转化，这表明第二步开挖后边坡岩体表现出明显的卸荷回弹现象。第三步开挖前，监测点 I、J 和 K 点水平位移为负值，第三步开挖后，

I、J和K点水平位移突然增大，变为正值，并呈现阶跃型增加，竖向位移卸荷回弹后向Y轴负向转化，这表明第三步开挖后边坡岩体表现出明显的卸荷回弹现象。随着边坡的不断开挖，各监测点竖向位移一直呈现先增加后减小而后又负向增加的阶跃型变化。最大位移发生在第四步开挖后，I点水平位移最大为6.23mm，竖向位移最大为19.86mm，这表明位移最大的区域在边坡靠近坡面位置，远离坡面，位移逐渐减小，进一步说明开挖卸荷对边坡破坏的影响主要集中在靠近坡面一定范围内。

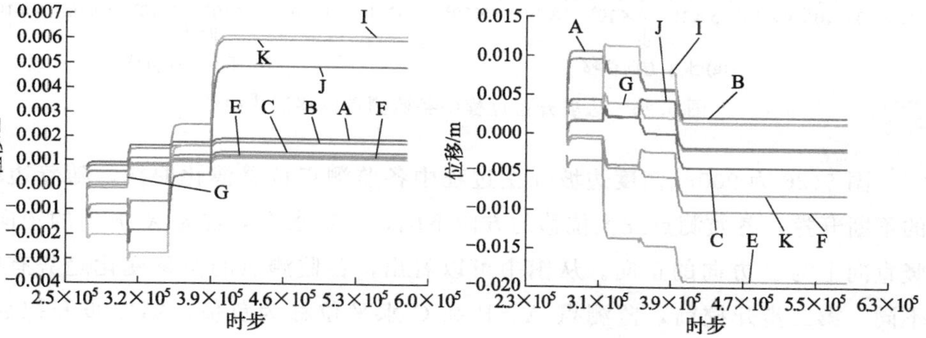

(a) 水平方向位移　　(b) 垂直方向位移

图5.24　边坡开挖过程中各监测点位移演化曲线

图5.25为600m高度边坡开挖过程中各监测点位移演化曲线，随着边坡的不断开挖，各监测点发生位移的方向不同，规定水平向右为X方向的正向，竖直向上为Y方向的正向。从图中可以看出，各监测点的位移变化趋势有所不同。第二步开挖后，监测点A、B和C水平位移从负变为正，而竖向位移逐渐增加，这表明第二步开挖后边坡岩体表现出明显的卸荷回弹现象。开挖第三步之前，监测点E、F和G的水平位移为负值，这表明边坡岩体处于压缩状态。开挖第三步完成后，水平位移瞬时增大，增大幅度较大，而后呈现阶跃型增长，同时水平位移在监测点E、F和G处出现由负向正的瞬间转变，这表明边坡岩体开始出现卸荷回弹现象。开挖第五步之前，水平位移在监测点I、J和K处为负值，这表明边坡岩体处于压缩状态。监测点I、J和K的水平位移由负向正转变，即岩体开始出现卸荷回弹现象，水平位移迅速增大，而后呈现阶跃型增长趋势，这都出现在开挖第三步之后。随着边坡的不断开挖，各监测点竖向位移一直呈现阶跃型增大，最大位移发生在第五步开挖后，I和J点的

位移达 20mm。

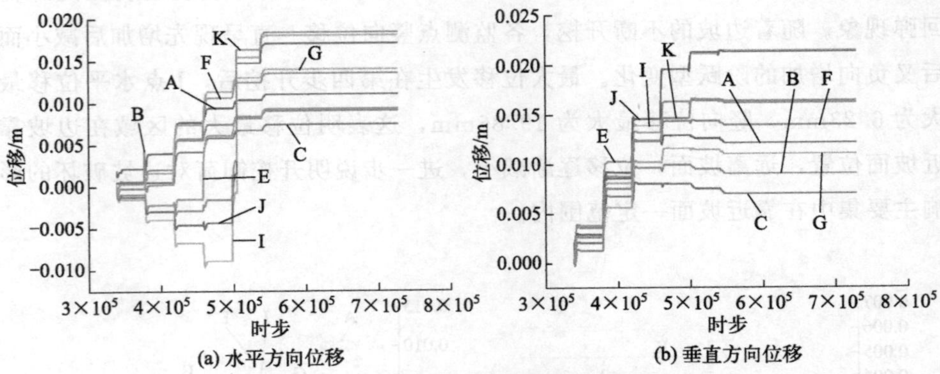

图 5.25 边坡开挖过程中各监测点位移演化曲线

图 5.26 为 900m 高度边坡开挖过程中各监测点位移演化曲线，随着边坡的不断开挖，各监测点发生位移的方向不同，规定水平向右为 X 方向的正向，竖直向上为 Y 方向的正向。从图中可以看出，各监测点的位移变化趋势有所不同。第二步开挖前，监测点 A、B 和 C 水平位移为负值，第二步开挖后，A、B 和 C 点水平位移变为正值，此后呈现阶跃型增加，竖向位移也由负转为正，坡边岩体表现出明显的卸荷回弹现象。监测点 E、F 和 G 的水平位移在第四步开挖之前为负值，边坡岩体处于压缩状态，当第四步开挖之后，岩体开始出现卸荷回弹，监测点 E、F 和 G 的水平位移由负向正转变，水平位移突然增大，增大幅度较大，而后呈现阶跃型增长。第六步开挖前，监测点 I、J 和 K 点水平位移为负值，第六步开挖后，I、J 和 K 点水平位移突然增大，变为正值，并呈现阶跃型增加，竖向位移卸荷回弹后向 Y 轴负向转化，这表明第三步开挖后边坡岩体表现出明显的卸荷回弹现象。随着边坡的不断开挖，各监测点竖向位移呈现先减小后增加而后又负向增加的阶跃型变化。最大位移发生在第六步开挖后，I 点水平位移最大为 23.23mm，竖向位移最大为 26.86mm。位移值明显大于其他计算模型，这表明边坡高度越大，开挖次数越多，卸荷影响范围越大，卸荷影响区越明显。

综上可知，随着开挖的进行，各监测点在不同的方向上产生不同大小的位移，具有以下特征：

① 边坡开挖岩体具有明显的卸荷回弹现象；

② 各监测点对应岩体开挖后，水平位移由负变为正，且突然增大，而后

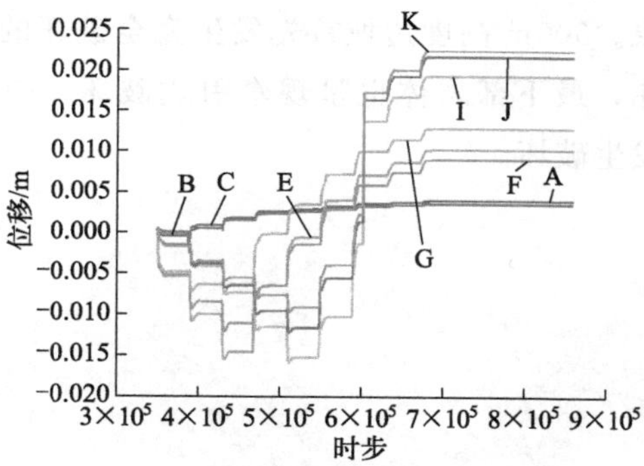

(a) 水平方向位移

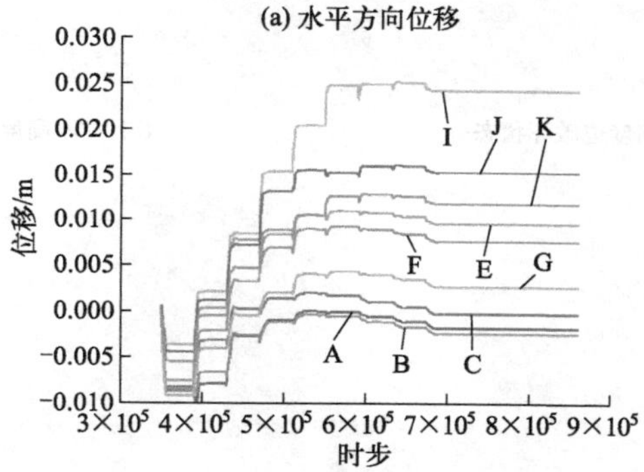

(b) 垂直方向位移

图 5.26　边坡开挖过程中各监测点位移演化曲线

呈现阶跃型增长；

③ 同一条检测线上的三个监测点水平位移由坡面向里逐渐减小，这和前面关于卸荷分区的概念相一致；

④ 边坡水平和竖向位移最大值发生在坡脚区域和靠近坡面位置，远离坡面，位移逐渐减小，这表明开挖卸荷对边坡破坏的影响主要集中在靠近坡面一定范围内。

5.7.3　边坡破坏模式分析

如图 5.27 所示为四个不同高度边坡模型最终破坏模式，从图中可知，边坡破坏主要在靠近坡面一定范围内，即开挖对边坡的扰动影响主要是在坡面浅部。200m 高度边坡上部两个台阶发生贯通破坏，可推断在第二台阶坡脚首先破坏，而后牵引上部岩体发生破坏。400m 高度边坡主要发生在下部两个台阶，可以明显看出，此区域台阶顶部首先发生破坏，而后推移下部岩体破坏。

600m 高度边坡有明显的阶段破坏现象，两两台阶组成破坏区域，中部局部台阶明显发生推移现象。900m 高度边坡首先发生完全破坏的区域发生在坡体上部，呈现牵引式破坏，最下部岩体也呈现牵引式破坏，中部局部台阶坡顶开裂，推移下部岩体发生破坏。

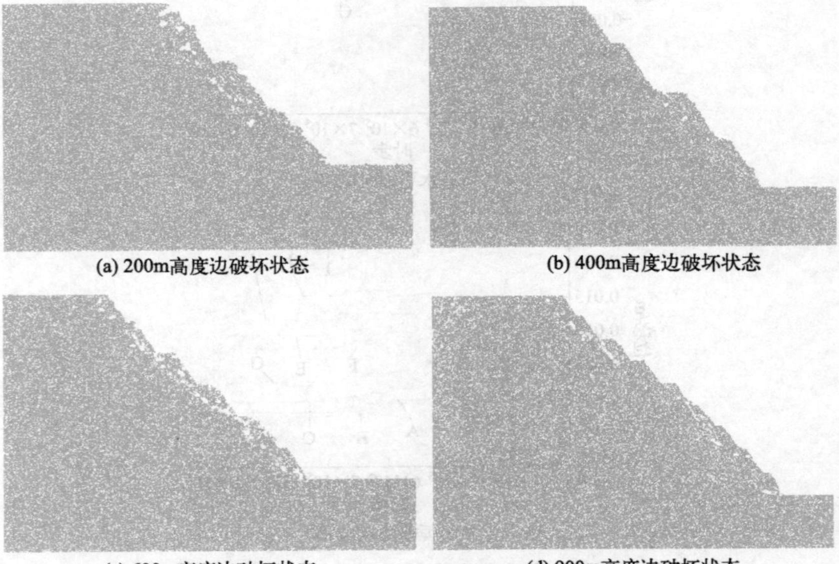

(a) 200m高度边破坏状态　(b) 400m高度边破坏状态

(c) 600m高度边破坏状态　(d) 900m高度边破坏状态

图 5.27　不同边坡模型破坏模式

5.8 本章小结

本章以辽宁鞍山大孤山铁矿某岩质边坡为背景，确定了优势裂隙组产状、迹长和密度等随机分布参数，在此基础上，构建与边坡结构面具有相似分布规律的二维网络模型。借助 PFC 数值计算软件，探讨了不同开采水平下坡体位移场和裂隙发展的时空演化规律以及边坡的破坏模式。主要结论如下：

① 借助非接触摄影测量系统（3GSM），获取边坡岩体裂隙的产状、迹长和密度等数据，并进行裂隙产状模糊 C 均值聚类分析，确定了优势裂隙组划分和相应产状参数。

② 基于 Monte-Carlo 随机原理，构建与边坡结构面具有相似分布规律的二维网络模型，为进一步研究边坡开挖卸荷破坏过程奠定了基础。

③ 在边坡开挖过程中，出现的裂隙以张拉裂隙为主，表明开挖卸荷导致的边坡破坏以张拉破坏为主。裂隙出现主要集中在边坡开挖后约 5000 时步范围内，而后保持不变，表明开挖卸荷可能导致边坡瞬时失稳。

④ 边坡破坏主要是由开挖卸荷扰动作用产生的张拉裂隙所导致；裂隙主要出现在靠近坡面一定范围内，从坡面向里，裂隙数量减小，即开挖对边坡的扰动影响主要是在坡面浅部；裂隙初始出现在坡脚区域，而后向坡顶发展。

⑤ 随着开挖的进行，各监测点具有以下特征：边坡开挖岩体具有明显的卸荷回弹现象；各监测点所对应岩体开挖后，水平位移由负变为正，且突然增大，而后呈现阶跃型增长；同一条检测线上的三个监测点水平位移由坡面向里逐渐减小，这和前面关于卸荷分区的概念相一致；边坡水平和竖向位移最大值发生在坡脚区域和靠近坡面位置，远离坡面，位移逐渐减小，这表明开挖卸荷对边坡破坏的影响主要集中在靠近坡面一定范围内。

第6章

露天矿岩质边坡卸荷破坏的模型试验

自20世纪30年代相似模拟方法被提出以来，由于其可以还原真实原型的物理过程而被逐渐推广应用，经过学者们的不断改进和发展，目前已成为研究矿山、水利、交通、地下工程等复杂问题的一种重要手段[184,185]。近几十年来，计算机技术的快速发展带动了工程数值仿真计算方法的不断发展更新，数值仿真计算由于其快速、经济、方便而一度成为研究复杂问题的主要手段。但是，数值模拟在计算时要想得到正确的结果，必须准确掌握所研究对象的本构方程、边界条件和材料参数，在实际工程现场，想要准确掌握这些参数，就目前技术条件，很难做到。基于此，相似模拟试验在研究边坡的灾变机制和破坏模式时具有不可替代的作用。目前底摩擦试验法和离心模拟试验法是研究边坡破坏最普遍的手段[186-187]。

6.1 试验目的

底摩擦试验通过模型与皮带之间的摩擦力来模拟岩土体的自重应力，能够直观地看到岩土体的破坏过程和破坏模式，因此，较适用于研究边坡变形破坏问题。为了揭示露天矿岩质边坡在开挖卸荷过程中的变形机理和破坏模式，本章通过改变边坡的高度对比分析了不同高度边坡模型在开挖卸荷过程中的变形破坏规律和破坏模式，揭示了中低边坡、高边坡及超高边坡的卸荷变形机理，模型试验的目的如下：

（1）模拟不同高度露天矿岩质边坡开挖卸荷变形破坏过程，研究岩质边坡变形破坏机理和破坏模式。

（2）对比分析不同高度露天矿岩质边坡破坏模式的异同，揭示岩质边坡的破坏机制。

6.2 试验原理

6.2.1 相似条件

模型和原型的有关参数为了达到模型和原型相似的目的而必须满足的条件称为相似条件。相似模拟材料应遵循原型和模型之间的几何形态、应力、变形、破坏、强度、边界等相似规律。

（1）几何相似

相似模型试验在模型制作时，首先要满足的条件为所制作模型与原型在几何尺寸上符合一定比例关系，也就是所谓几何相似，即：

$$C_l=\frac{l}{l'} \tag{6.1}$$

式中，C_l 为几何相似比；l 为原型线性尺寸；l'为相似模型的线性尺寸。

（2）应力相似

应力-应变关系是指试验模型中采用的应力水平和真实边坡应力水平满足一定比例关系，即：

$$C_\sigma=\frac{\sigma}{\sigma'} \tag{6.2}$$

式中，C_σ 为应力相似比；σ 为原型应力；σ'为模型应力。

（3）应力-应变关系相似

原型与模型的重力加速度比用 C_α 表示，原型材料密度与模型密度之比用 C_ρ 表示，体积力相似常数用 C_p 表示、应力相似常数用 C_σ 表示、几何相似常数用 C_l 表示，满足：

$$\frac{C_p C_l}{C_\sigma}=1 \text{或} \frac{C_\rho C_\alpha C_l}{C_\sigma}=1 \tag{6.3}$$

(4) 变形相似

变形相似是指原型和模型的泊松比 μ 与应变 ε 相似，但是泊松比 μ 和应变 ε 为无量纲参数，需要根据 $C_\sigma=C_E C_\varepsilon$ 计算求得，即：

$$C_\mu=1, C_\varepsilon=1, C_\sigma=C_E C_\varepsilon \tag{6.4}$$

式中，C_μ 为泊松比相似常数；C_ε 为应变相似常数；C_E 为弹性模量相似常数。

其中应变相似比 C_ε、位移相似比 C_δ，几何相似比 C_l 满足以下关系：

$$C_\delta=C_\varepsilon C_l \tag{6.5}$$

(5) 边界相似

边界条件相似是指模型和原型具有相同或成比例的应力环境，模型和原型在应力的总量上成一定比例关系，且三个方向上应力的分量也成一定比例关系，即：

$$C_\sigma=C_X=C_Y=C_Z \tag{6.6}$$

式中，C_X、C_Y、C_Z 为作用在边界上的面力分量的相似常数。

(6) 破坏相似

Mohr-Coulomb 准则是岩土体最常用的破坏准则，原型和相似模型这两者的强度曲线出现完全相同的可能性很小，所以只要这二者的强度曲线在规律和大小上相似，就可用材料的抗压强度和抗拉强度比值表征其力学特征，即：

$$\left[\frac{C_c}{C_t}\right]_p=\left[\frac{C_c}{C_t}\right]_m \tag{6.7}$$

$$C_c=C_\sigma, C_\varphi=1 \tag{6.8}$$

式中，σ_t 为抗拉强度；σ_c 为抗压强度；C_φ 为内摩擦角相似常数；C_c 为内摩擦角相似常数。

在真正试验过程中，模型与原型之间往往只要满足一个或几个关键的相似条件即可，满足所有相似条件是不现实的。

6.2.2 底摩擦模型

底摩擦试验利用了摩擦力与重力场相似的特点，即通过皮带与模型接触后相对运动产生的摩擦力来模拟模型重力场实现相似模拟的一种方法[188-189]。具体原理如图 6.1(a) 所示，模型均匀铺设在模型框架内，模型底面与皮带接触，模型垂直于皮带运动方向由框架约束，当皮带运动时，由于模型底面和皮带之间的相对运动而产生摩擦力，所产生摩擦力 F 的表达式如下所示。

$$F=\mu\gamma h \tag{6.9}$$

式中，γ 为所选择模型材料的容重；μ 为摩擦因数，模型底面与皮带之间；h 为模型的厚度。

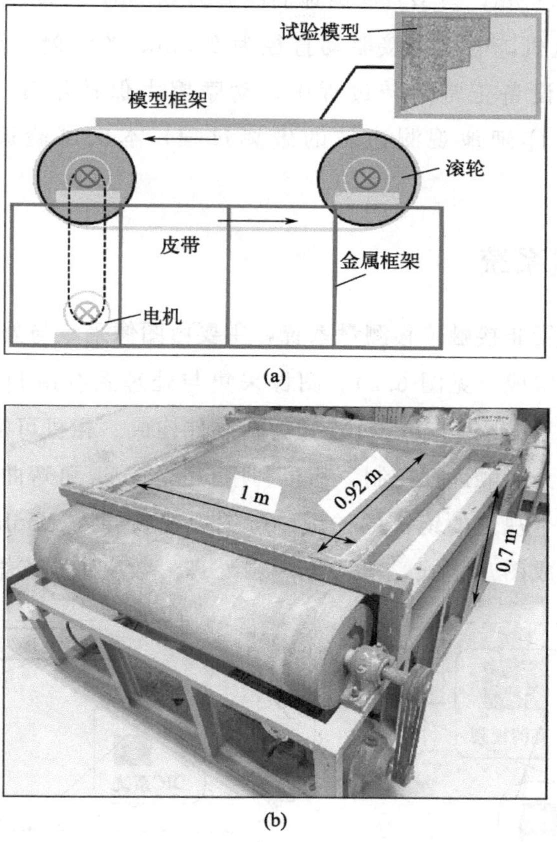

图 6.1　底摩擦试验原理和试验机实物图

根据圣维南原理，当试验模型厚度足够薄时，可认为皮带与模型之间相对运动产生的摩擦力均匀作用在一定厚度的模型上，这相当于原型岩质边坡的自重应力状态。

6.3 试验设备及测量系统

6.3.1 试验设备

本次试验采用中国矿业大学（北京）底摩擦试验机，该仪器具有传送带转速可调，转速均匀，运行平稳等优点，具体如图 6.1(b) 所示。可制作最大模型尺寸为 1m×0.92m，模型台距离地面距离为 0.7m，带动皮带转动的动力装置为 YMT160 电机，电机直接驱动直径为 299mm 的滚筒，滚筒转速范围为 1.5～12r/min。设备正常运转过程中，动摩擦力保持不变，动摩擦因数为 0.75。为了更加详细地观测边坡的破坏过程，本次试验选取电机转速为 1.5r/min。

6.3.2 测量系统

本次试验采用非接触位移测量系统，主要由图像采集与处理系统和数字散斑图像分析系统组成（见图 6.2）。图像采集与处理系统由相机架、GoPro 运动相机、手机和 Adobe Premiere 视频剪辑软件构成。相机可通过 WiFi＋蓝牙连接手机，实现无接触远程控制，相机利用 Gooseneck 可弯曲弯颈固定，可灵活调节以实现各个视角的镜头的拍摄，所拍摄视频导入 Adobe Premiere 视频剪辑软件中处理成图片格式，等待下一步处理。数字散斑分析系统由 DIC 和

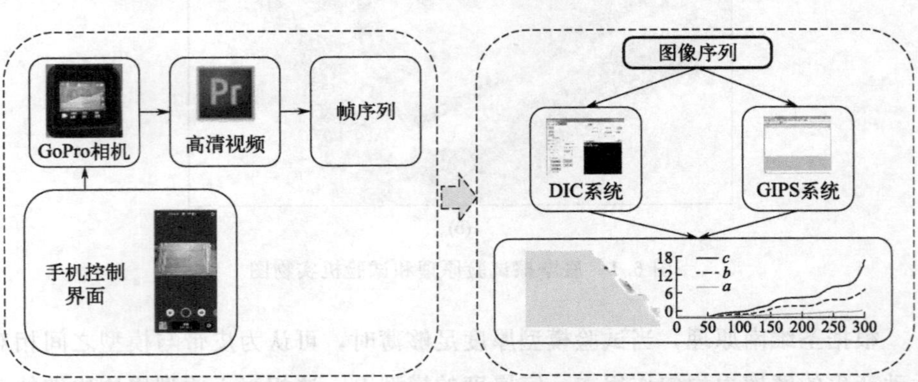

(a) 图像采集与处理系统　　(b) 数字散斑图像分析系统

图 6.2　非接触式位移测量系统

GIPS 软件组成，首先将 Adobe Premiere 导出具有时间序列的高清照片，继续导入 DIC 进行处理，同时利用 GIPS 追踪模型中任意点的位移时程曲线。

6.4 边坡开挖卸荷试验设计

6.4.1 试验设计

鞍钢集团矿业公司大孤山铁矿位于辽宁省鞍山市南郊，自开采以来已有60余年的历史，具体位置如图 6.3(a) 所示。大孤山铁矿边坡岩体主要以混合岩（太古代花岗岩）为主，其间有泥石英片岩岩脉发育，边坡底部有条带状含铁石英岩，边坡岩体全部为混合岩性，坑底残留少量矿体不予考虑。研究区域边坡坡顶标高为＋120m，目前坑底标高为－480m，边坡整体高度为 600m，边坡台阶高度为 10m，总体边坡角为 46°，台阶坡面角 50°。大孤山露天铁矿典型断面如图 6.3(b) 所示。

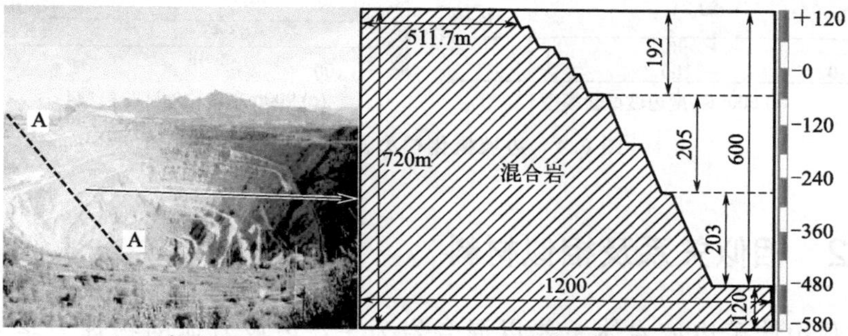

(a) 研究区形貌　　(b) 研究区断面

图 6.3　研究区形貌和断面图（单位：m）

按照《非煤露天矿边坡工程技术规范》（GB 51016—2014）基本规定，露天矿边坡高度小于 300m 为中低边坡，300～500m 为高边坡，大于 500m 为超高边坡。因此，为探究超高边坡、高边坡与中低边坡在卸荷扰动下破坏过程以及破坏模式之间的异同，基于大孤山露天铁矿三期可研设计和高边坡研究的需要，本次试验模型设计参照第 5 章数值模型，共设计 200m、400m、600m 和 900m 四个不同高度边坡模型，具体模型尺寸如图 6.4 所示。

底摩擦试验的模型长 100cm，高分别为 16.7cm、33.3cm、50cm 和 75cm，

对应于原型尺寸长1200m，高分别为200m、400m、600m和900m。每个试验模型台阶设置相同高度。试验的几何相似比 $C_l=1200$，容重相似比 $C_\gamma=1$，应力相似比 $C_\sigma=1200$。模型厚度设计为15mm，这也正好满足"模型足够薄"这一试验条件，作用于模型上的摩擦力方向与工程边坡所受重力方向一致。

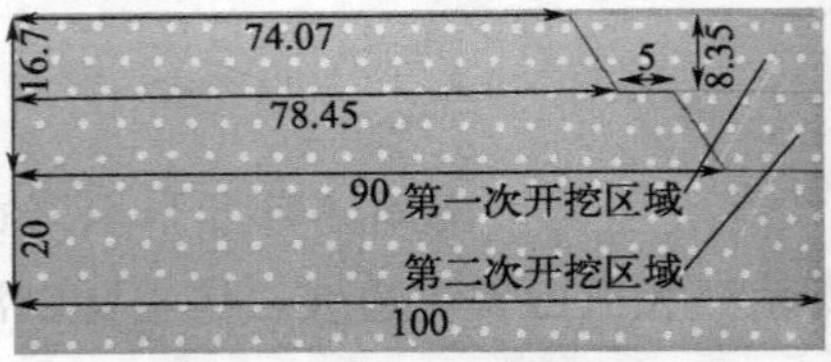

(a) 200m高度边坡试验模型1

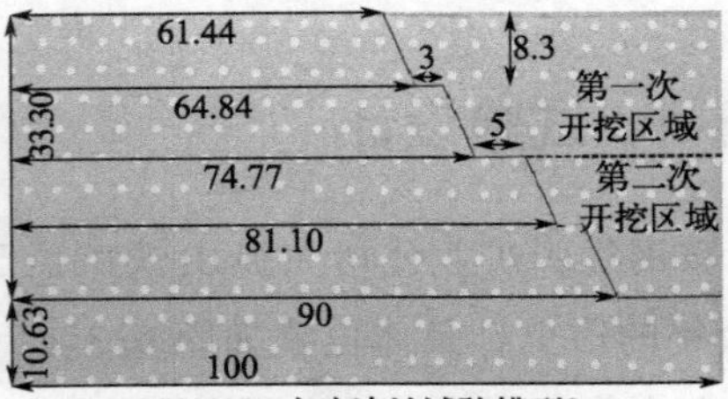

(b) 400m高度边坡试验模型2

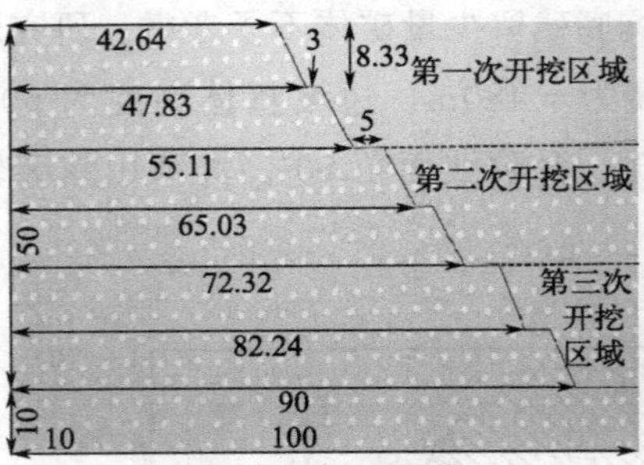

(c) 600m高度边坡试验模型3

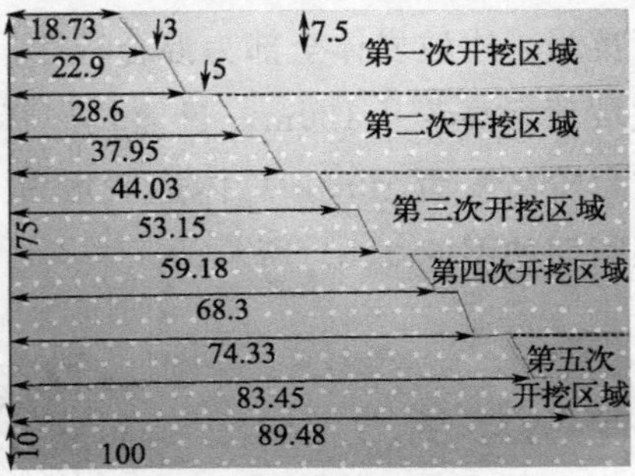

(d) 900m高度边坡试验模型4

图 6.4　边坡概化模型及尺寸（cm）

6.4.2　相似关系及相似材料

大孤山铁矿边坡岩体主要以混合岩为主，边坡岩体的物理力学参数见表6.1。在选择模型材料时，主要考虑摩擦因数相等、应力应变关系相似以及强度相似三方面的因素。本次试验主要模拟边坡卸荷变形机制，因此模型材料不仅要满足变形模量和抗剪强度的要求，还要反映出岩土体组成特征。经反复试验确定本次试验选用的材料为砂子、石灰、石膏、石子和水，模型材料的具体配比如表6.2所示。

表 6.1　边坡岩体物理力学参数

类型	容重/(kg/m³)	黏聚力/MPa	内摩擦角/(°)	弹性模量/GPa	泊松比
混合岩	2760	8	46	25.4	0.25

（备注：数据来源于大孤山西井边坡破坏机理与治理对策研究报告。）

表 6.2 相似材料配比结果

类型	沙子	石灰	相似材料石膏	石子	水
混合岩	80g	8g	8g	15g	10g

6.4.3 试验模型制作

按照表 6.2 所示的材料配比和图 6.4 所示的模型尺寸，计算制作模型所需相似材料的用量，在钢化盆里搅拌均匀，将搅拌后的模型材料倒入模型框架内，将模型利用平整的铁板夯实，待夯实完毕用刀切割修整出边坡形状，具体过程见图 6.5。模型铺设完毕后，将模型放置一段时间，等自然风干后开始试验。

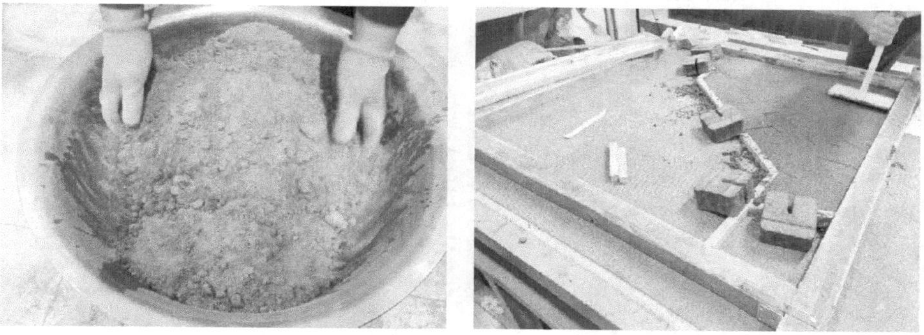

(a) 搅拌材料　　(b) 铺设模型

图 6.5 底摩擦试验模型制作过程

6.5 边坡开挖卸荷试验结果分析

6.5.1 变形失稳过程分析

图 6.6 为 200m 高度边坡在开挖卸荷扰动下不同时刻对应的边坡变形破坏形态。模型分两步开挖，每一步开挖范围对应每一级开挖区域。边坡第一步开挖后，皮带运行到 80s 时，由于卸荷松弛作用，在一级开挖区域的边坡坡脚出现裂隙；边坡第二步开挖后，皮带运行到 230s 时，一级边坡坡脚裂隙不断向上扩展；皮带运行到 253s 时，在二级开挖区域的边坡坡脚出现裂隙；皮带运行到 297s 时，二级开挖区域的边坡坡脚出现裂隙并不断向上扩展贯通台阶坡

顶，而一级边坡坡脚裂隙也不断向上扩展贯通坡顶，被贯通裂隙切割后的坡体向坡脚方向滑移，至此边坡完全破坏（图 6.6）。从试验现象可以判断，每级开挖区域的坡脚裂隙出现是坡脚应力集中和坡面卸荷松弛共同作用所导致。

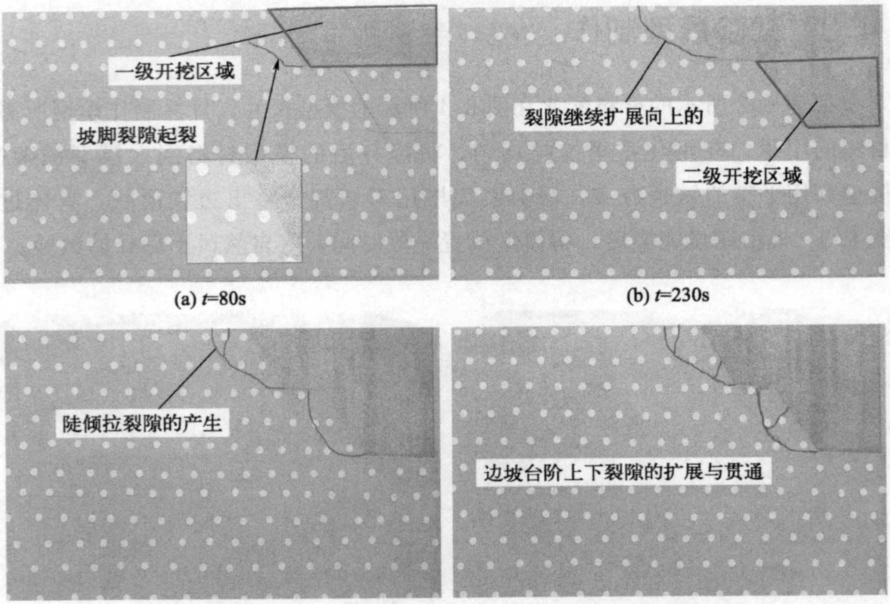

图 6.6　200m 高度边坡开挖卸荷变形破坏过程（试验模型 1）

图 6.7 为 400m 高度边坡在开挖卸荷扰动下不同时刻对应的边坡变形破坏形态。边坡第一步开挖后，皮带运行到 63s 时，裂隙首先在一级开挖区域的边坡坡脚出现；皮带运行到 85s 时，边坡局部台阶之间形成贯通裂隙；皮带运行到 156s 时，一级开挖区域的坡脚裂隙不断向坡顶扩展；皮带运行到 188s 时，二级开挖区域的边坡坡顶出现后缘拉裂隙，且有不断向下扩展趋势；当皮带运行到 217s 时，一级开挖区域的坡脚裂隙贯通坡顶，二级开挖区域的坡顶拉裂隙不断向下扩展，同时坡脚产生裂隙；当皮带运行到 249s 时，二级开挖区域的边坡坡顶拉裂隙向下扩展并贯通坡脚区域，两个开挖区域各自形成较为宏观的贯通裂隙，贯通裂隙切割后的坡体向开挖面方向滑移，至此边坡完全破坏（图 6.7）。从试验现象可以看出，二级开挖区域裂隙在向坡顶扩展后期出现向右后方扩展，主要原因为靠近坡面区域牵引作用和坡体内部区域的推移作用。

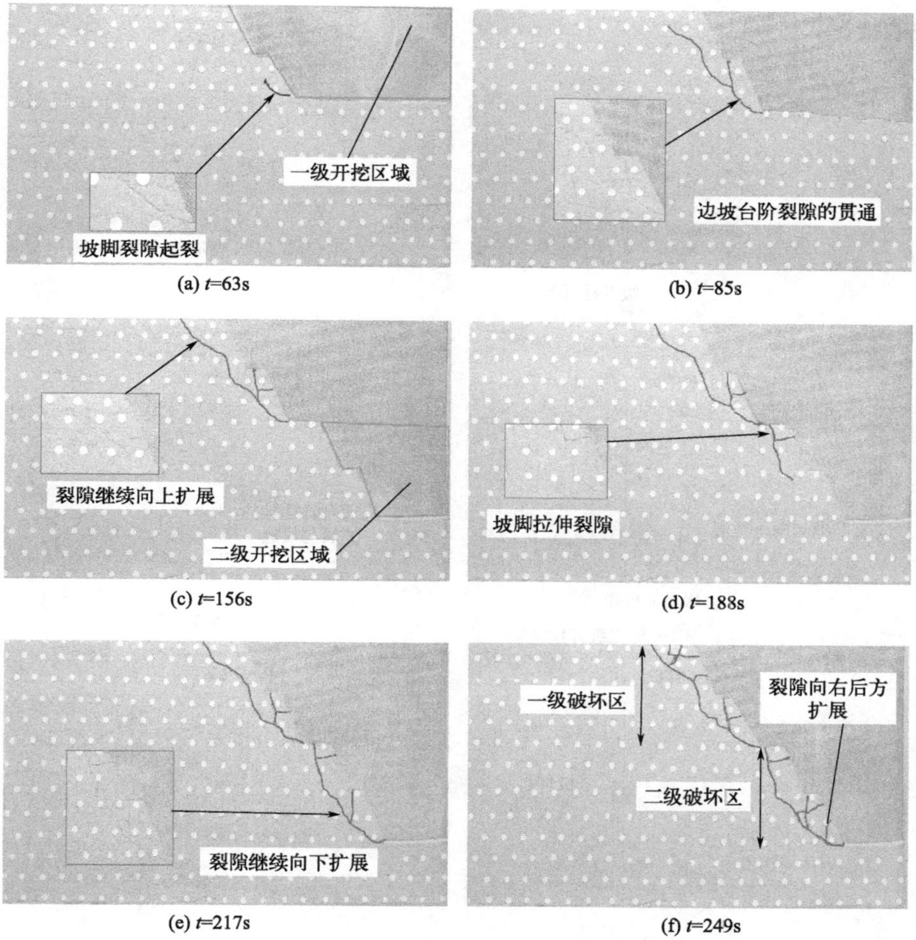

图 6.7　400m 高度边坡开挖卸荷变形破坏过程（试验模型 2）

图 6.8 为 600m 高度边坡在开挖卸荷扰动下不同时刻对应的边坡变形破坏形态。一级开挖区域开挖后，皮带运行到 68s 时，在一级开挖区域边坡的坡脚出现裂隙；皮带运行到 117s 时，一级开挖区域的坡脚裂隙不断向上扩展；皮带运行到 168s 时，二级开挖区域完成开挖，一级开挖区域下部台阶形成贯通裂隙；皮带运行到 223s 时，三级开挖区域完成开挖，二级开挖区域的边坡坡顶拉裂隙不断向下扩展，贯通二级开挖区域两个台阶；当皮带运行到 267s 时，三级开挖区域坡脚和台阶顶部出现裂隙，一级开挖区域张拉裂隙贯通坡顶；皮带运行到 300s 时，三级开挖区域的坡脚裂隙和坡顶裂隙相互扩展贯通，贯通裂隙切割后的坡体向开挖面方向滑移，至此边坡完全破坏（图 6.8）。从试验

现象还可以看出，各级开挖区域裂隙在向坡顶扩展的后期也出现了向右后方扩展的情况。

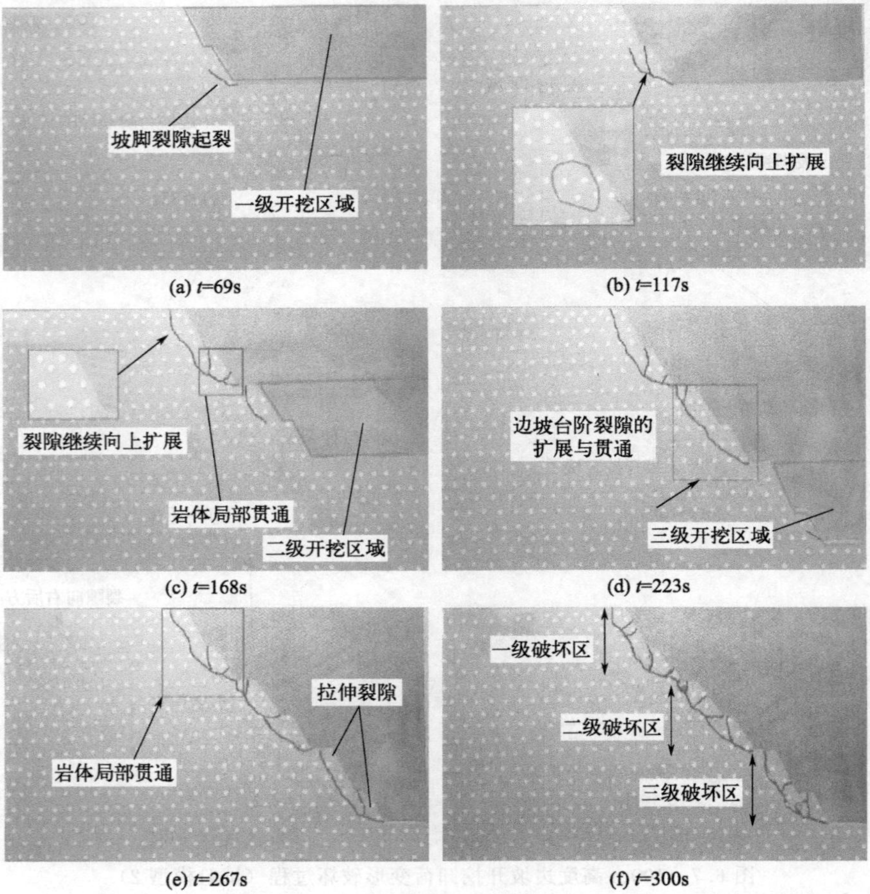

图 6.8 600m 高度边坡开挖卸荷变形破坏过程（试验模型 3）

图 6.9 为 900m 高度边坡在开挖卸荷扰动下不同时刻对应的边坡变形破坏形态。当皮带运行到 73s 时，一级开挖区域完成，在一级开挖区域边坡的坡脚出现裂隙；当皮带继续运行到 157s 时，二级开挖区域完成，一级开挖区域坡脚张裂隙不断向上扩展；当皮带继续运行到 210s 时，三级开挖区域完成开挖，一级开挖区域形成贯通裂隙，二级开挖区域坡顶和台阶顶部形成张拉裂隙；当皮带继续运行到 240s 时，二级开挖区域坡顶和台阶顶部张拉裂隙不断向下扩展，三级开挖区域坡脚和坡顶同时出现裂隙；当皮带运行到 310s 时，四级开

挖区域完成，四级开挖区域坡脚出现裂隙，一、二和三级开挖裂隙不断扩展贯通；当皮带运行到 374s 时，五级开挖区域完成，整体边坡坡脚裂隙贯通五级开挖区域边坡；当皮带运行到 430s 时，五级开挖区域滑体滑塌，上部岩体失去支撑，贯通裂隙切割后的坡体向开挖面方向滑移，至此边坡完全破坏（图 6.9）。和其他模型一样，边坡各级开挖区域裂隙在向坡顶扩展后期也出现向右后方扩展，主要原因为靠近坡面区域的牵引和坡体内部区域的推移。

依据前面的分析可知，200m 边坡模型首先在坡脚产生裂隙，同时有向边坡开挖方向滑移的趋势，滑体下滑产生的牵引作用使坡脚裂隙不断向坡顶扩展，当裂隙贯通坡顶或者台阶顶部时，滑体与主坡体分离而滑动，边坡呈现压致拉裂→牵引→滑移破坏态势。400m 边坡模型在重力作用下的破坏主要分两个阶段，第一阶段为在一级开挖区域开挖后，滑体的滑移牵引，使坡脚裂隙不断向坡顶扩展，形成贯通裂隙，滑体与主坡体分离。第二阶段为在二级开挖区域开挖后，中部台阶顶部产生后缘拉裂隙，滑体的推移作用使后缘裂隙不断向

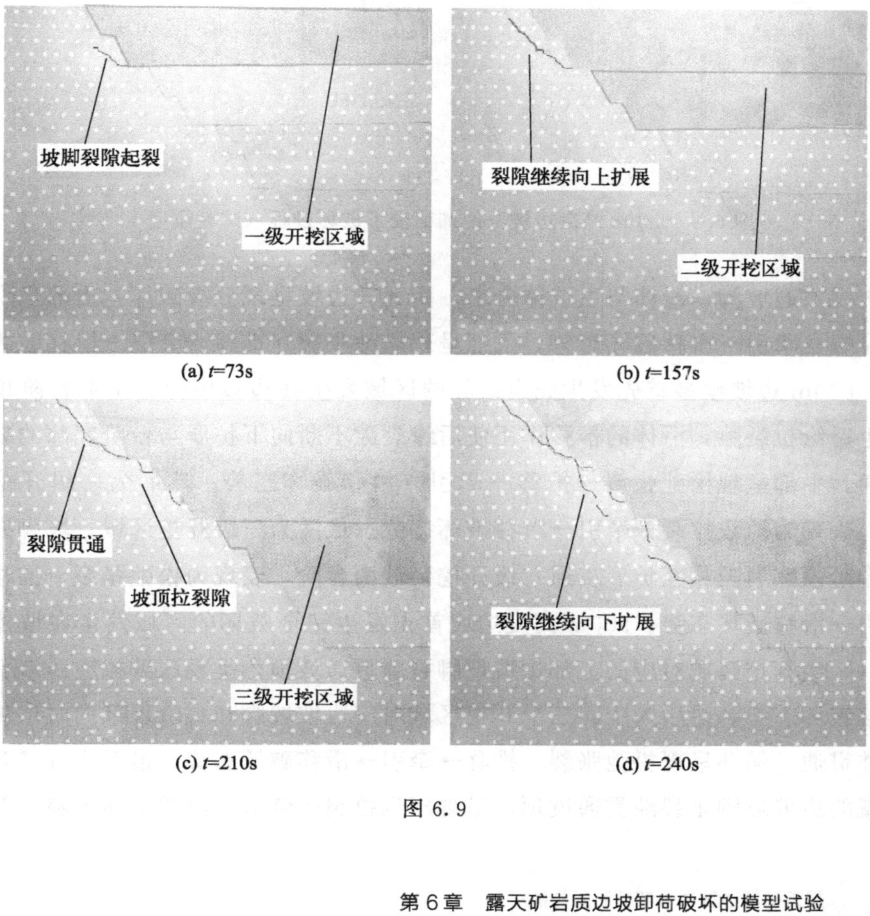

图 6.9

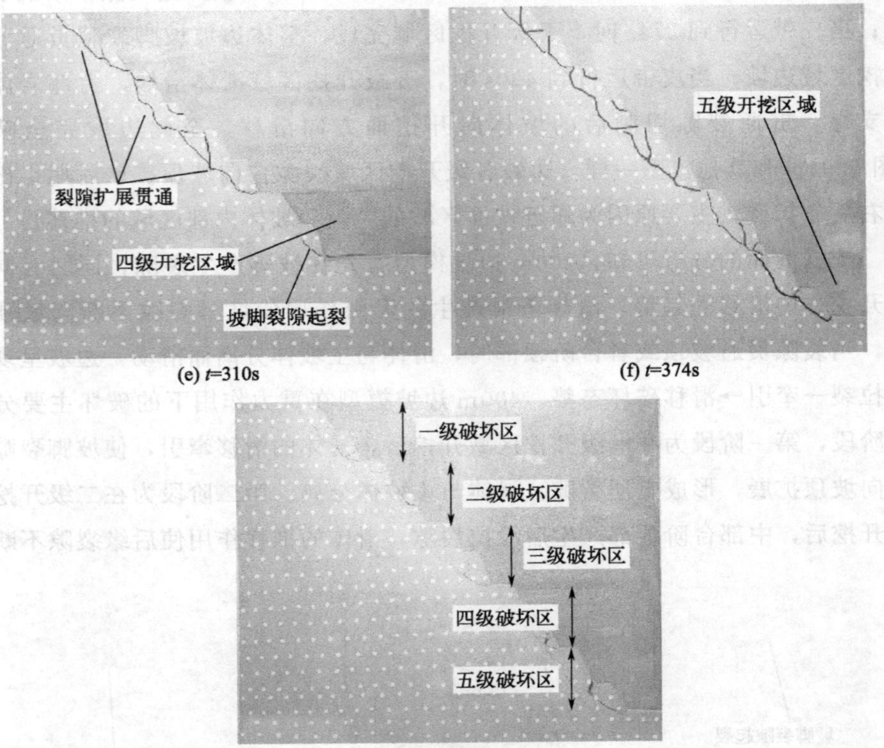

(e) t=310s (f) t=374s

(g) t=430s

图 6.9 900m 高度边坡开挖卸荷变形破坏过程（试验模型 4）

下扩展贯通坡脚，滑体与主坡体分离。因此，边坡呈现分级破坏，上部呈现压致拉裂→牵引→滑移破坏态势，下部呈现松弛张裂→推移→牵引→滑移破坏态势。600m 边坡模型首先发生完全破坏的区域发生在边坡中部，中部台阶顶部产生后缘拉裂隙，滑体的推移作用使后缘裂隙不断向下扩展与台阶底部的裂隙贯通，中部呈现松弛张裂→推移→牵引→滑移破坏态势。然后为一级开挖区域，表现为压致拉裂→牵引→滑移破坏态势。最后为三级开挖区域，坡脚裂隙和台阶顶部裂隙相互扩展贯通三级开挖区域两台阶，表现为松弛张裂→推移→牵引→滑移破坏态势。900m 高度边坡首先发生完全破坏的区域发生在坡体上部，一级开挖区域对应的上部边坡坡脚裂隙贯通坡顶，呈现压致拉裂→牵引→滑移破坏态势。然后为中间三个开挖区域对应边坡坡脚和台阶顶部同时出现裂隙并贯通，循环呈现松弛张裂→推移→牵引→滑移破坏态势。最后为五级开挖区域的边坡坡脚张裂隙贯通坡顶，呈现压致拉裂→牵引→滑移破坏态势。五级开挖区域的边坡破坏没有循环出现二、三和四级区域边坡的破坏特征，这是因为边坡高度太大导致坡脚高度应力集中，在卸荷瞬间坡脚出现破坏，从而引导五级开挖区域边坡发生牵引式破坏。

6.5.2 位移场演化过程分析

边坡开挖过程中，在水平方向发生较大位移是造成边坡破坏的主要原因，所以在分析过程中主要将水平位移作为评价指标。图 6.10 为 200m 高度的边坡在开挖过程中水平位移云图，水平位移向右为正。边坡一级区域开挖后，皮带运行到 80s 时，在靠近开挖面一定区域内水平位移变化最大，最大水平位移为 3.2mm；皮带运行到 230s 时，水平位移增加值较小，此区域的最大水平位移为 4.6mm；皮带运行到 253s 时，水平位移在量值上变化不大，但在开挖面水平向里一定范围内形成较为明显的位移集中变大区域，最大值为 5.7mm；当皮带运行到 297s 时，水平位移在量值上迅速增加，最大水平位移为 9.4mm（图 6.10）。

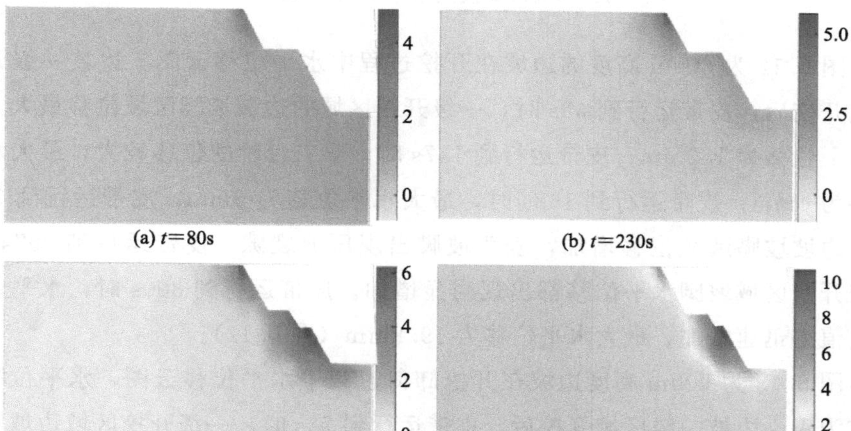

(a) t=80s　(b) t=230s　(c) t=253s　(d) t=297s

图 6.10　200m 高度边坡水平位移云图（mm）

图 6.11 为 400m 高度的边坡在开挖过程中水平位移云图。边坡一级区域开挖后，皮带运行到 63s 时，台阶顶部位移最大，最大水平位移为 0.8mm；皮带运行到 85s 时，最大位移区域从台阶顶部向台阶底部转移，最大水平位移为 1.6mm；皮带运行到 156s 时，二级开挖区域完成开挖，水平位移变化不大，最大水平位移为 2.3mm；皮带运行到 188s 时，边坡坡脚区域位移较大，

表明坡脚出现压致拉裂破坏；当皮带运行到217s时，水平位移在量值上变化不大，但在开挖面水平向里一定范围内形成较为明显的位移集中变大区域；当皮带运行到249s时，水平位移在量值上迅速增加，最大水平位移为4.5mm（图6.11）。

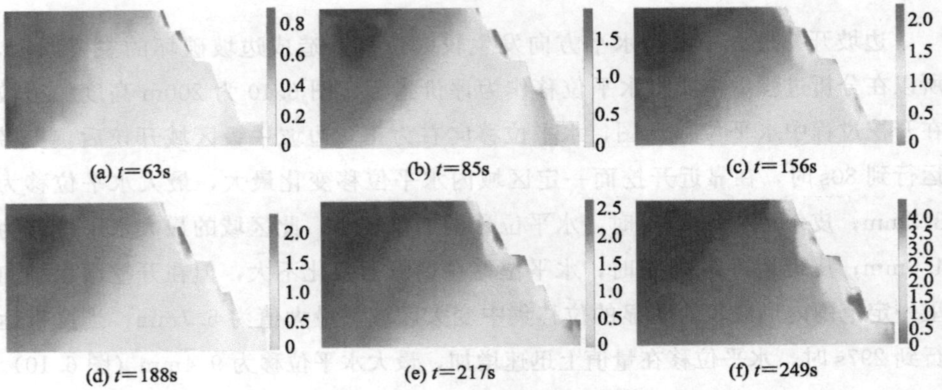

图6.11　400m高度边坡水平位移云图（mm）

图6.12为600m高度的边坡在开挖过程中水平位移云图。边坡一级开挖区域开挖后，皮带运行到69s时，一级开挖区域的边坡坡脚区域位移最大，最大水平位移为1.2mm；皮带运行到117s时，第二台阶的位移较大，最大水平位移为4mm；皮带运行到168s时，最大水平位移为6mm；皮带运行到223s时，边坡坡脚区域位移增加，表明坡脚出现压剪裂隙；皮带运行到267s时，各级开挖区域坡脚水平位移都出现明显增加。皮带运行到300s时，水平位移在量值上迅速增加，最大水平位移为19.8mm（图6.12）。

图6.13为900m高度边坡在开挖卸荷过程中水平位移云图，水平位移以向右为正。边坡一级区域开挖后，皮带运行到73s时，一级开挖区域边坡坡脚位移最大，最大水平位移为1.0mm；皮带运行到157s时，第五和六台阶整体位移较大，最大水平位移为2.0mm；当皮带运行到210s时，三级开挖区域对应坡体位移明显增加，最大值为2.2mm；当皮带运行到240s时，位移只在量值上有所增加，最大值为3.5mm；当皮带运行到267s时，各级开挖区域坡脚水平位移都出现明显增加；当皮带运行到310s时，四级开挖区域完成，每一级开挖区域对应坡体位移明显增加，形成位移分区模式，最大水平位移为一级开挖区域对应坡体，最大值为5.3mm；当皮带运行到374s时，水平位移在量值上迅速增加，最大水平位移为8.2mm。从上述分析结果可知，边坡位移场

演化规律同 600m 边坡基本相同，这里不再阐述。

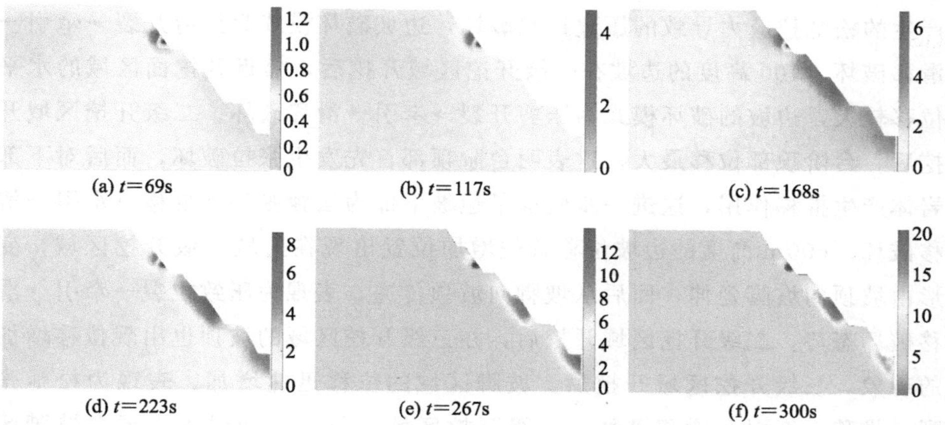

图 6.12　600m 高度边坡水平位移云图（mm）

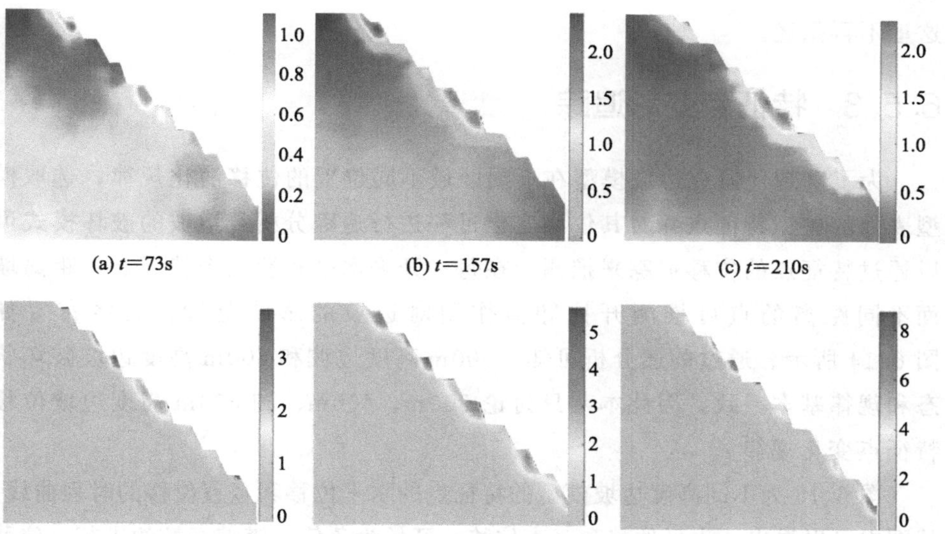

图 6.13　900m 高度边坡水平位移云图（mm）

位移场结果表明，边坡水平位移主要发生在靠近坡面一定范围的区域，边坡的开挖卸荷回弹作用使最靠近坡面一定范围水平位移最大，从坡面由外向内水平方向逐渐减小，并且有典型的逐级变化现象，形成了以开挖面为界的位移环。不同模型最大位移的发生部位和增长速率具有明显差异，这也表明不同高度的边坡具有不同破坏模式和失稳机制。200m 高度的边坡初始位移发生在坡脚位置，这表明坡脚首次出现裂隙并非剪切裂隙，而是坡脚应力集中和卸荷产生的松弛拉应力导致的压致拉裂破坏，边坡破坏模式为压剪开裂→牵引→滑移破坏。400 高度的边坡在一级开挖区域开挖后，靠近开挖面区域的水平位移较大，边坡的破坏模式为压剪开裂→牵引→滑移破坏。二级开挖区域开挖后，台阶顶部位移最大，这表明台阶顶部首先发生张拉破坏，而后对下部岩体产生推移作用，这进一步验证了边坡下部为松弛张裂→推移→牵引→滑移破坏。600m 高度的边坡位移首先增加位置出现在边坡二级开挖区域，变形由坡顶向坡脚延伸，而后从坡脚向坡顶传递，表现为压致拉裂→牵引→滑移破坏态势。二级开挖区域开挖后，在三级开挖区域的坡顶也出现位移增加的现象，三级开挖区域开挖后，坡脚区域的位移迅速增加，表现为松弛张裂→推移→牵引→滑移破坏。一级开挖区域的位移增加最先出现在坡脚区域，而后向上延伸，最终整个一级开挖区域的变形量增加，表现为压致拉裂→牵引→滑移。900m 高度边坡位移场演化规律同 600m 边坡基本相同，这里不再阐述。

6.5.3 特征点变形追踪

为了直观地研究边坡模型在不同区域不同位置的位移演化规律，选取模型表面的关键特征点并对其位移变化过程进行追踪分析。边坡的破坏模式可以通过特征点的位移追踪来推测。在每一开采水平布置三个特征点，距离坡面不同距离的点可推测开挖卸荷作用对边坡的影响范围，具体布置如图 6.14 所示。通过前述分析可知，900m 高度边坡和 600m 高度边坡破坏状态和规律基本一致，因此本节只讨论 200m、400m、和 600m 高度边坡位移特征点变化规律。

图 6.15 为不同高度边坡模型的特征点的水平位移和竖直位移的时程曲线。从图中可以看出，水平位移和竖直位移一开始为负值，随着开挖的进行，位移变为正值，这是因为边坡在开挖之前的岩体处于受压状态，开挖后出现卸荷回弹，位移转为正值并逐渐变大。所有的模型在开挖后一段时间内，出现位移突增现象，而后保持位移不变，直到下一次开挖之前，这表明开挖对边坡的影响并不是持续的，而是在开挖后的短时间内。靠近坡面的特征点的位移明显大于远离坡面的特征点的位移，表现出明显的位移分区现象，这也与 6.5.1 节、6.5.2 节中的位移分区结论相一致。

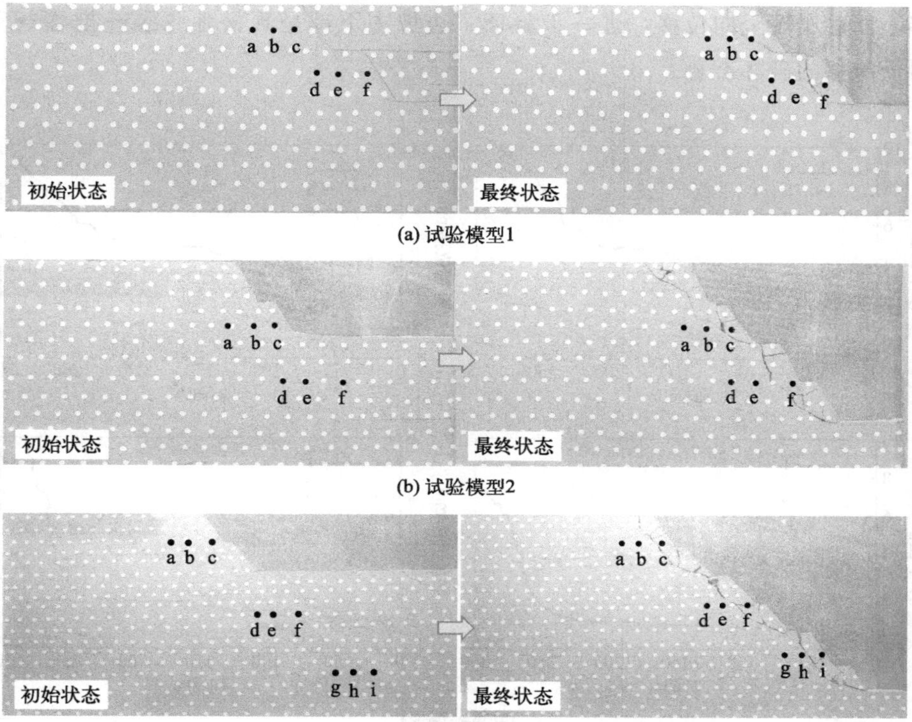

(a) 试验模型1

(b) 试验模型2

(c) 试验模型3

图 6.14 位移追踪点布置

图 6.15(a) 中，受两次开挖的影响，a、b、c 点水平和竖直位移出现两次较大幅度增加。受一次开挖影响，d、e、f 点水平和竖直位移出现一次较大幅度增加。c、b 与 e、f 点的水平位移和竖直位移几乎同时发生分离，这表明坡体内裂隙扩展类型为张拉剪切复合型破坏，进一步验证了边坡呈现压致拉裂→牵引→滑移的破坏态势。

图 6.15(b) 中，受两次开挖的影响，a、b、c 点水平和竖直位移出现两次较大幅度地增加。受一次开挖影响，d、e、f 点水平和竖直位移出现一次较大幅度增加。e 和 f 点水平位移分离时间要早于竖直位移，表明坡体首先出现水平开裂的裂隙，而后出现竖向错动裂隙，进一步验证了边坡二级开挖区域呈现松弛张裂→推移→牵引→滑移破坏态势。

图 6.15(c) 中，a、b、c 点水平和竖直位移出现三次较大幅度增加，d、e、f 点水平和竖直位移出现两次较大幅度增加，g、h、i 点水平和竖直位移出现一次较大幅度增加，这些位移次数的增加分别对应边坡模型的开挖次数。i、 h与e、f点的水平位移分离时间要早于竖直位移，表明坡体首先出现水平位移，而后出现竖向位移，进一步验证了边坡中下部呈现松弛张裂→推移→牵引→滑移的破坏态势。

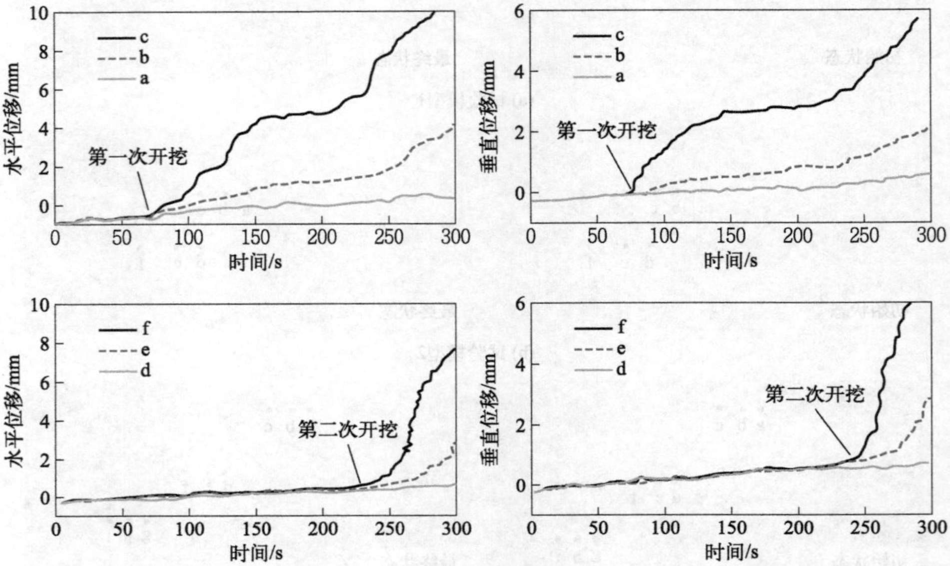

(a) 试验模型1

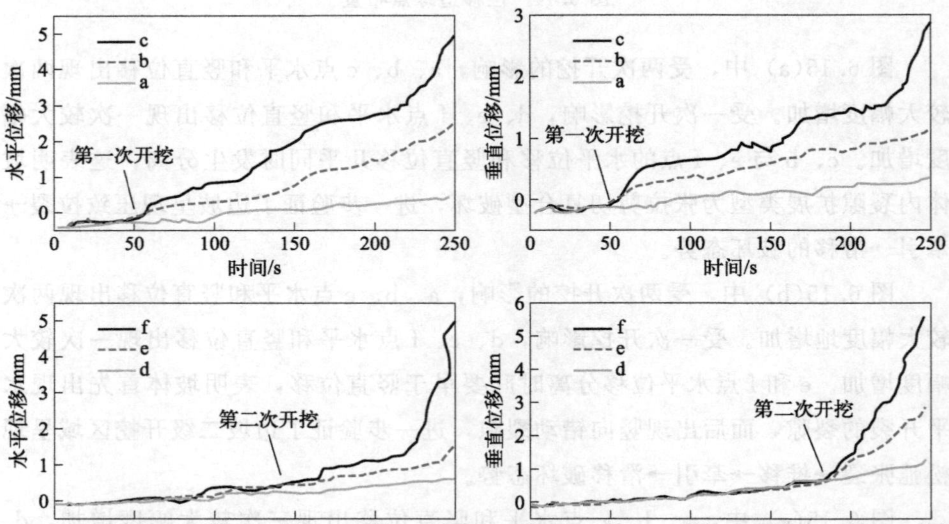

(b) 试验模型2

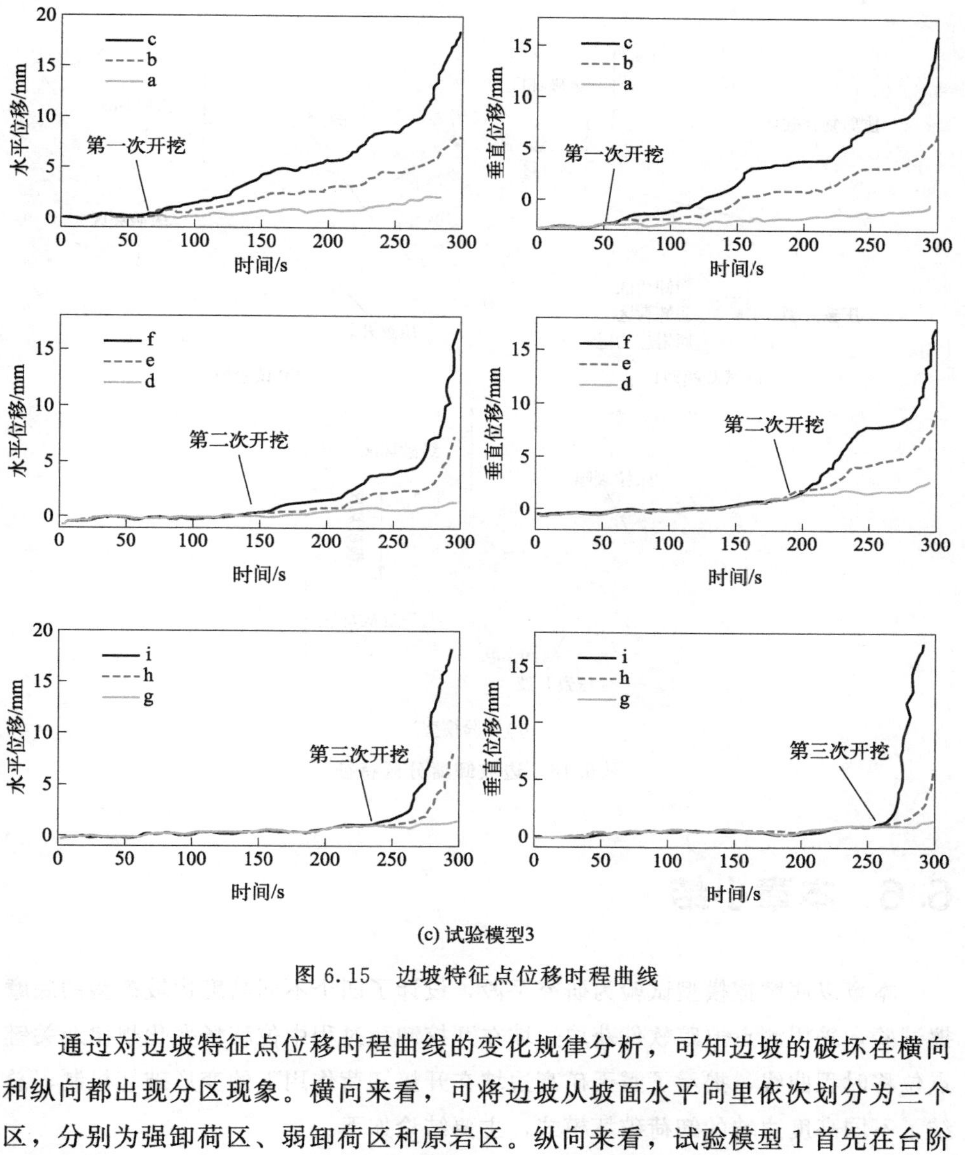

(c) 试验模型3

图 6.15　边坡特征点位移时程曲线

通过对边坡特征点位移时程曲线的变化规律分析，可知边坡的破坏在横向和纵向都出现分区现象。横向来看，可将边坡从坡面水平向里依次划分为三个区，分别为强卸荷区、弱卸荷区和原岩区。纵向来看，试验模型 1 首先在台阶的坡脚处出现压致拉裂，牵引上部岩体发生剪切错动，每一级破坏区域出现压致开裂→牵引→滑移的破坏模式。试验模型 2 根据开挖分级将边坡划分为两个破坏区，上部呈现压致拉裂→牵引→滑移破坏态势，下部呈现松弛张裂→推移→牵引→滑移破坏态势。试验模型 3 根据开挖分级将边坡划分为三个破坏区，上部呈现压致拉裂→牵引→滑移破坏态势，中部和下部呈现松弛张裂→推移→牵引→滑移破坏态势，具体如图 6.16 所示。

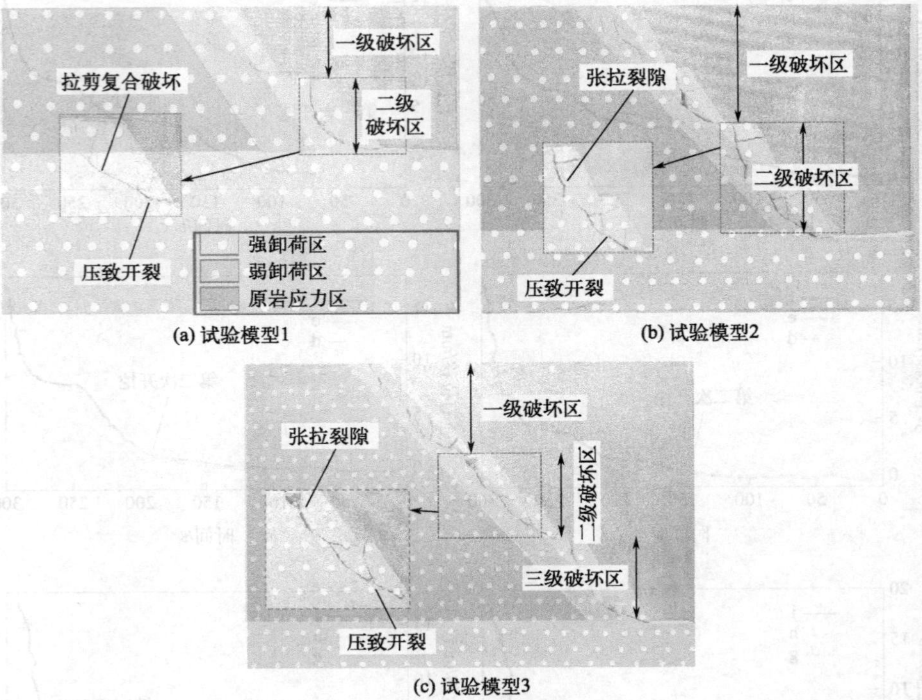

图 6.16　边坡卸荷分区特征

6.6　本章小结

本章以底摩擦模型试验为研究手段，设计了四个不同高度边坡模型的底摩擦试验，采用测点追踪软件获取边坡在开挖卸荷过程中位移场变化规律及关键点位移时程曲线，揭示了露天矿高边坡在开挖卸荷作用下的变形破坏机制，总结了不同高度边坡的卸荷破坏模式，主要结论如下：

① 变形破坏后的边坡具有明显的分区特征，根据位移变化规律可将边坡划分为三个区，分别为强卸荷区、弱卸荷区和原岩区。

② 200m 高度边坡首先在坡脚产生裂隙，同时有向开挖边坡临空面滑移的趋势，呈现压致拉裂→牵引→滑移破坏态势。

③ 400m 高度边坡在重力作用下的破坏主要分为两个阶段，上部呈现压致

拉裂→牵引→滑移破坏态势，下部呈现松弛张裂→推移→牵引→滑移破坏态势。

④ 600m高度边坡首先发生完全破坏的区域发生在坡体中部，呈现松弛张裂→推移→牵引→滑移破坏态势，上部呈现压致拉裂→牵引→滑移破坏态势，中部呈现松弛张裂→推移→牵引→滑移破坏态势。

⑤ 900m高度边坡首先发生完全破坏的区域发生在坡体上部，呈现压致拉裂→牵引→滑移破坏态势，中间三个开挖区域对应边坡坡脚和台阶顶部同时出现裂隙并贯通，循环呈现松弛张裂→推移→牵引→滑移破坏态势，下部呈现压致拉裂→牵引→滑移破坏态势。

参考文献

[1] 代永新，赵武鹏．露天矿超高边坡灾变影响因素与防控关键技术研究综述［J］．金属矿山，2016（11）：1-9.

[2] 王家臣，孙书伟．露天矿边坡工程［M］．北京：科学出版社，2016.

[3] 常远．露天矿节理岩体高边坡卸荷损伤与能量突变研究［D］．北京：中国矿业大学（北京），2019.

[4] 李建林．卸荷岩体力学［M］．北京：中国水利水电出版社，2003.

[5] 赵光明，许文松，孟祥瑞，等．扰动诱发高应力岩体开挖卸荷围岩失稳机制［J］．煤炭学报，2020，45（3）：936-948.

[6] 马钰沛，李江腾，刘双飞．考虑中间主应力的粉砂岩侧向卸荷力学特性试验研究［J］．中南大学学报（自然科学版），2019，50（11）：2792-2800.

[7] 金爱兵，刘佳伟，赵怡晴，等．卸荷条件下花岗岩力学特性分析［J］．岩土力学，2019，40（S1）：459-467.

[8] 丛怡，丛宇，张黎明，等．大理岩加、卸荷破坏过程的三维颗粒流模拟［J］．岩土力学，2019，40（3）：1179-1186，1212.

[9] 马春驰，李天斌，陈国庆，等．硬脆岩石的微观颗粒模型及其卸荷岩爆效应研究［J］．岩石力学与工程学报，2015，34（2）：217-227.

[10] 黄润秋，黄达．高地应力条件下卸荷速率对锦屏大理岩力学特性影响规律试验研究［J］．岩石力学与工程学报，2010，29（1）：21-33.

[11] 邱士利，冯夏庭，张传庆，等．不同卸围压速率下深埋大理岩卸荷力学特性试验研究岩石［J］．岩石力学与工程学报，2010，29（9）：1807-1818.

[12] 郭喜峰，尹健民，晏鄂川，等．不同卸荷速率下变质石英砂岩力学性质试验分析［J］．上海交通大学学报，2016，50（01）：78-83.

[13] 李夕兵，陈正红，曹文卓，等．不同卸荷速率下大理岩破裂时效特性与机理研究［J］．岩土工程学报，2017，39（09）：1565-1574.

[14] 王春，程露萍，唐礼忠，等．高静荷载下卸载速率对岩石动力学特性及破坏模式的影响［J］．岩石力学与工程学报，2019，38（02）：217-225.

[15] 藕明江，周宗红，王友新，等．不同卸荷速率条件下岩爆碎屑破坏特征分析［J］．中国安全生产科学技术，2017，13（11）：97-103.

[16] Xu H，Feng X T，Yang C X，et al. Influence of initial stresses and unloading rates on the deformation and failure mechanism of Jinping marble under true triaxial compression［J］. International Journal of Rock Mechanics and Mining Sciences，2019，117（5）：94-104.

[17] Liu Q S，Deng P H. A numerical investigation of element size and loading/unloading rate for intact rock in laboratory-scale and field-scale based on the combined finite-discrete element method［J］. Engineering Fracture Mechanics，2019，211（8）：442-462.

[18] Duan K，Ji Y L，Wu W，et al. Unloading-induced failure of brittle rock and implications for

excavation-induced strain burst [J]. Tunnelling and Underground Space Technology in Corporating Trenchless Technology Research, 2019, 84 (2): 495-506.

[19] Li X Z, Shao Z S. Investigation of macroscopic brittle creep failure caused by microcrack growth under step loading and unloading in Rocks [J]. Rock Mechanics and Rock Engineering, 2016, 49 (7): 2581-2593.

[20] 孙雪，李二兵，韩阳，等．卸荷路径下花岗岩变形与破坏特征试验研究 [J]. 地下空间与工程学报，2020，16 (03)：665-679.

[21] 刘小莲，费文平，李倩，等．花岗岩卸荷破坏全过程声发射特征试验 [J]. 武汉大学学报（工学版），2013，46 (4)：480-483.

[22] 丛宇，冯夏庭，郑颖人，等．不同应力路径大理岩声发射破坏前兆的试验研究 [J]. 岩土工程学报，2016，38 (7) ：1193-1201.

[23] He M C , Miao J L , Feng J L . Rock burst process of limestone and its acoustic emission characteristics under true-triaxial unloading conditions [J]. International Journal of Rock Mechanics and Mining ences, 2010, 47 (2): 286-298.

[24] Huang D, Li Y, et al. Conversion of strain energy in triaxial unloading tests on marble [J]. International Journal of Rock Mechanics and Mining Sciences, 2014, 66 (1): 160-168.

[25] Du K, Tao M, Li X B, et al. Experimental study of slabbing and rockburst induced by true-triaxial unloading and local dynamic disturbance [J]. Rock Mechanics and Rock Engineering, 2016, 49 (9): 3437-3453.

[26] Li X B, Feng F, Li D Y, et al. Failure characteristics of granite influenced by sample height-to-width ratios and intermediate principal stress under true-triaxial unloading conditions [J]. Rock Mechanics and Rock Engineering, 2018, 51 (5): 1321-1345.

[27] 朱泽奇，盛谦，肖培伟，等．岩石卸围压破坏过程的能量耗散分析 [J]. 岩石力学与工程学报，2011，30 (1)：2675-2682.

[28] 杨以荣，谢红强，肖明砾，等．卸荷条件下横观各向同性岩体扩容与能量特性分析 [J]. 岩土力学，2017，38 (06)：1589-1599.

[29] 马德鹏，周岩，刘传孝，等．不同卸围压速率下煤样卸荷破坏能量演化特征 [J]. 岩土力学，2019，40 (7)：2645-2652.

[30] 高速，张黎明，王在泉，等．大理岩卸荷破坏变形及能量特征研究 [J]. 岩石力学与工程学报，2014，33 (S1)：2808-2813.

[31] 曾韦，刘向君，梁利喜，等．页岩卸荷能量演化特征试验研究 [J]. 地下空间与工程学报，2019，15 (03)：719-726.

[32] Zhao G Y, Dai B, Dong L J, et al. Energy conversion of rocks in process of unloading confining pressure under different unloading paths [J]. Transactions of Nonferrous Metals Society of China, 2015, 25 (5): 1626-1632.

[33] 张志镇，高峰．受载岩石能量演化的围压效应研究 [J]. 岩石力学与工程学报，2015，34 (1)：1-11.

[34] Yang H Q, Zeng Y Y, Lan Y F. Analysis of the excavation damaged zone around a tunnel accounting for

geostress and unloading [J]. International Journal of Rock Mechanics and Mining Sciences, 2014, 69 (6): 59-66.

[35] Zhao X G, Wang J M. Influence of unloading rate on the strain burst characteristics of Beishan granite under true-triaxial unloading conditions [J]. Rock Mechanics and Rock Engineering, 2014, 20 (5): 472-480.

[36] 王瑞红，李建林，蒋昱州，等．峰前卸荷对节理岩体力学特性影响试验研究 [J]. 岩土力学，2014，35 (4)：972-976＋985.

[37] 郑青松，刘恩龙，刘明星．三轴试验下结构面倾角对制备岩样力学特性的影响 [J]. 岩土力学，2019，40 (5)：1854-1861＋1868.

[38] 陈国庆，刘辉，秦昌安，等．中部锁固岩桥三轴加卸荷力学特性及裂纹扩展研究 [J]. 岩石力学与工程学报，2017，36 (5)：1162-1173.

[39] 宋彦琦，李名，王晓，等．基于高速摄影的单预制裂纹大理岩加卸载试验 [J]. 中国矿业大学学报，2014，43 (5)：773-781.

[40] 黄达，黄润秋．卸荷条件下裂隙岩体变形破坏及裂纹扩展演化的物理模型试验 [J]. 岩石力学与工程学报，2010，29 (3)：502-512.

[41] 李树忱，马腾飞，蒋宇静，等．深部多裂隙岩体开挖变形破坏规律模型试验研究 [J]. 岩土工程学报，2016，38 (6)：987-995.

[42] 王建明，陈忠辉，周子涵，等．不同卸荷速率下节理岩桥变形破坏及裂隙扩展演化试验研究 [J]. 矿业科学学报，2020，5 (4)：382-392.

[43] 翟明磊，郭保华，王辰霖，等．法向卸荷下贯通裂隙岩样压剪破坏特征研究 [J]. 岩土力学，2019，40 (S1)：217-223＋230.

[44] 黄达，郭颖泉，朱谭谭，等．法向卸荷条件下含单裂隙砂岩剪切强度与破坏特征试验研究 [J]. 岩石力学与工程学报，2019，38 (07)：1297-1306.

[45] 娄琛，赵其华，张埕豪，等．裂隙倾角对岩体能量演化规律影响研究 [J]. 人民长江，2019，50 (01)：158-162，183.

[46] Zhou X P, Zhang J Z, Wong L N Y. Experimental study on the growth, coalescence and wrapping behaviors of 3D crossembedded flaws under uniaxial compression [J]. Rock Mechanics and Rock Engineering, 2018, 51 (5): 1379-1400.

[47] Zhou X P, Zhang J Z, Qian Q H, et al. Experimental investigation of progressive cracking processes in granite under uniaxial loading using digital imaging and AE techniques [J]. Journal of Structural Geology, 2019, 126 (9): 129-145.

[48] Yang S Q, Liu X R, Jing H W. Experimental investigation on fracture coalescence behavior of red sandstone containing two unparallel fissures under uniaxial compression [J]. International Journal of Rock Mechanics and Mining Sciences, 2013, 63 (10): 82-92.

[49] Huang Y H, Yang S Q, Tian W L. Crack coalescence behavior of sandstone specimen containing two pre-existing flaws under different confining pressures [J]. Theoretical and Applied Fracture Mechanics, 2019, 99 (10): 118-130.

[50] Cheng H, Zhou X, Zhu J. The effects of crack openings on crack initiation, propagation and

coalescence behavior in rock-like materials under uniaxial compression [J]. Rock Mechanics and Rock Engineering，2016，49 (9)：3481-3494.

[51] Tang C A，Wong R H C，Lin P. Analysis of crack coalescence in rock-like materials containing three flaws-Part Ⅱ：Numerical approach [J]. International Journal of Rock Mechanics and Mining Sciences，2001，38 (9)：925-939.

[52] Zhou X P，Bi J，Qian Q H. Numerical simulation of crack growth and coalescence in rock-like materials containing multiple pre-existing flaws [J]. Rock Mechanics and Rock Engineering，2015，48 (3)：1097-1114.

[53] 王本鑫，金爱兵，赵怡晴，等．卸围压条件下花岗岩强度特性及三维裂隙演化规律 [J]. 哈尔滨工业大学学报，2020，52 (11)：137-146.

[54] 田文岭，杨圣奇，黄彦华．卸围压下砂岩力学特性及细观机制颗粒流分析 [J]. 岩土力学，2016，37 (S2)：775-782.

[55] 邓青林，赵国彦，谭彪，等．基于 XFEM 的岩体卸荷过程裂纹起裂扩展规律研究 [J]. 工程科学学报，2017，39 (10)：1470-1476.

[56] Chen Y Z. Multiple crack problems of antiplane elasticity in an infinite body [J]. Engineering Fracture Mechanics，1984，20 (5)：767-775.

[57] Huang X，Karihaloo B L. Tension softening of quasi-brittle materials modelled by singly and doubly periodic arrays of coplanar penny-shaped cracks [J]. Mechanics of Materials，1992，13 (3)：257-275.

[58] Horii H，Nemat-Nasser S. Compression-induced microcrack growth in brittle solids：Axial splitting and shear failure [J]. Journal of Geophysical Research，1985，90 (4)：3105-3125.

[59] Kachanov M. A simple technique of stress analysis in elastic solids with many cracks [J]. International Journal of Fracture，1985，28 (1)：11-19.

[60] Li Y P，Tham L G，Wang Y H. A modified Kachanov method for analysis of solids with multiple cracks [J]. Engineering Fracture Mechanics，2003，70 (9)：1115-1129.

[61] Qing H，Yang W. Characterization of strongly interacted multiple cracks in an infinite plate [J]. Theoretical and Applied Fracture Mechanics，2006，46 (3)：209-216.

[62] 周子涵，陈忠辉，王建明，等．卸荷条件下岩石平行偏置双裂隙的扩展规律研究 [J]. 岩土工程学报，2020，45 (04)：721-730.

[63] Wang，J M，Chen Z H，Zhang L F. Unloading-induced crack propagation of two collinear unequal length flaws in brittle rocks [J]. Geofluids，2020，2020 (5)：1-18.

[64] 陈国庆，刘顶，徐鹏，等．节理岩桥真三轴开挖卸荷试验研究 [J]. 岩石力学与工程学报，2018，37 (2)：325-338.

[65] 肖世国，周德培．边坡开挖应力场的近似解析解 [J]. 水利学报，2005 (01)：16-21.

[66] 汤平，李刚，徐卫军．水及开挖卸荷对岩质边坡稳定性影响分析 [J]. 岩土力学，2005，26 (S2)：21-24.

[67] 冯学敏，陈胜宏，李文纲．岩石高边坡开挖卸荷松弛准则研究与工程应用 [J]. 岩土力学，2009，30 (S2)：452-456.

[68] 肖玉辉，李振存，段劲，等．顺倾岩质高边坡开挖变形机理及计算［J］．长沙理工大学学报（自然科学版），2013，10（02）：22-27.

[69] 杨建华，代金豪，姚池，等．岩石高边坡爆破开挖损伤区岩体力学参数弱化规律研究［J］．岩土工程学报，2020，42（05）：968-975.

[70] 吴永，何思明，王东坡，等．开挖卸荷岩质坡体的断裂破坏机理［J］．四川大学学报（工程科学版），2012，44（02）：52-58.

[71] 朱浩，赵明杰，朱益军．某矿区岩质高边坡的滑塌机理分析与病害治理［J］．灾害学，2018，33（S1）：120-123.

[72] 常远，常来山，任富强，等．节理岩体边坡采动损伤与可靠性分析［J］．煤炭学报，2018，43（05）：1305-1311.

[73] 周子涵，陈忠辉，张凌凡，等．基于能量原理的露天矿边坡开挖稳定性突变研究［J］．岩土力学，2019，40（12）：4881-4889.

[74] 孙书伟，朱本珍，张忠平．顺层高边坡开挖松动区的数值模拟研究［J］．铁道学报，2008（05）：74-79.

[75] 吴锦亮，何吉．岩质边坡动态开挖模拟的复合单元模型［J］．岩土力学，2019，40（S1）：535-540＋564.

[76] Bao H，Wu F，Xi P，et al. A new method for assessing slope unloading zones based on unloading strain［J］. Environmental Earth ences，2020，79（14）：1-13.

[77] Wang Z Y，Guo D M，Zhang W G. Influence of excavation schemes on slope stability：A DEM［J］. Journal of Mountain ence，2020，17（6）：236-249.

[78] Chang Z G，Cai Q X，Zhou W. Effects of the loading and unloading conditions on crack propagation in high composite slope of deep open-pit mine［J］. Advances in Civil Engineering，2019，2019（6）：11.

[79] Jiang T，Shen Z，Yang M，et al. A new model approach to predict the unloading rock slope displacement behavior based on monitoring data［J］. Structural Engineering and Mechanics，2018，67（2）：105-113.

[80] 冷先伦，盛谦，廖红建，等．反倾层状岩质高边坡开挖变形破坏机理研究［J］．岩石力学与工程学报，2004（S1）：4468-4472.

[81] 段钊，唐皓，党琪，等．边坡开挖诱发滑坡离散元模拟［J］．长安大学学报（自然科学版），2014，34（05）：49-55.

[82] 李韬，徐奴文，戴峰，等．白鹤滩水电站左岸坝肩开挖边坡稳定性分析［J］．岩土力学，2018，39（02）：665-674.

[83] 李新坡，何思明．节理岩质边坡破坏过程的PFC2D数值模拟分析［J］．四川大学学报（工程科学版），2010，42（S1）：70-75.

[84] 孟国涛，徐卫亚，郑文棠，等．岩质高边坡开挖变形的三维离散单元法分析［J］．河海大学学报（自然科学版），2007（04）：393-397.

[85] 李明，张嘎，胡耘，等．边坡开挖破坏过程的离心模型试验研究［J］．岩土力学，2010，31（02）：366-370.

[86] 许强，张登项，郑光．锦屏Ⅰ级水电站左岸坝肩边坡施工期破坏模式及稳定性分析［J］．岩石力

学与工程学报，2009，28（06）：1183-1192.

[87] 车新觉，邹竹荪，郭春茂．三峡工程船闸开挖高边坡稳定问题的静力地质力学模型试验研究[J]. 长江水利水电科学研究院院报，1986（01）：54-61.

[88] 王创业，司建锋，付强，等．露天矿边坡变形规律相似模拟试验研究［J]. 煤炭技术，2017，36（04）：22-24.

[89] 习朝辉，裴向军，穆成林，等．顺层岩质边坡开挖变形特征模型试验研究［J]. 铁道建筑，2018，58（12）：100-103.

[90] 唐红梅，陈洪凯，曹卫文．顺层岩体边坡开挖过程模型试验［J]. 岩土力学，2011，32（02）：435-440.

[91] 杨志全，张震，侯克鹏，等．开挖与卸载交替作用对上陡下缓型高陡层状岩质边坡变形失稳影响试验研究［J]. 四川大学学报（工程科学版），2016，48（06）：8-15.

[92] Zhu C，He M C，Karakus M，et al. Investigating toppling failure mechanism of anti-dip layered slope due to excavation by physical modelling［J]. Rock Mechanics and Rock Engineering，2020，53（11）：5029-5050

[93] Lai X P，Shan P F，Cai M F，et al. Comprehensive evaluation of high-steep slope stability and optimal high-steep slope design by 3D physical modeling［J]. International Journal of Minerals Metallurgy and Materials，2015，22（1）：1-11.

[94] Sun G，Lin S，Cheng S，et al. Mechanisms of interaction between an arch dam and abutment slope using physical model tests［J]. Rock Mechanics and Rock Engineering，2018，51（8）：2483-2504.

[95] Akoochakian A，Moradi M，Kavand A. Investigation of nailed slope behaviour during excavation by Ng centrifuge physical model tests［C]. // The 9th International Conference on Physical Modelling in Geotechnics（ICPMG），2018：1157-1162.

[96] Fayou A，Kong J，Ni Z. Model test on deformation and failure of excavated anti-dip slope under seismic loading［J]. Disaster Advances，2012，5（2）：41-47.

[97] 黄昱清．某露天矿高陡边坡稳定性分析与治理工程研究［D]. 武汉：武汉工程大学，2012.

[98] 邓宏艳．大型水电工程区库岸滑坡形成机理与水作用影响研究［D]. 成都：西南交通大学，2011.

[99] 蔡美峰．岩石力学与工程［M]. 北京：科学出版社，2007：379-392.

[100] 吕庆．边坡工程灾害防治技术研究［D]. 杭州：浙江大学，2006.

[101] Zhao H. Slope reliability analysis using a support vector machine［J]. Computersand Geotechnics，2008，35（3）：459-467.

[102] Samui P，Lansivaara T，Kim D. Utilization relevance vector machine for slope reliability analysis［J]. Applied Soft Computing，2011，11（5）：4036-4040.

[103] Luo X，Cheng T，Li X，et al. Slope safety factor search strategy for multiple sample points for reliability analysis［J]. Engineering Geology，2012，129-130：27-37.

[104] Li L，Chu X S. The location of critical reliability slip surface in soil slope stability analysis［J]. Procedia Earth and Planetary Science，2012，5：146-149.

[105] Li D, Chen Y, Lu W, et al. Stochastic response surface method for reliability analysis of rock slopes involving correlated non-normal variables [J]. Computers and Geotechnics, 2011, 38 (1): 58-68.

[106] Dou H, Han T, Gong X, et al. Probabilistic slope stability analysis considering the variability of hydraulic conductivity under rainfall infiltration-redistribution conditions [J]. Engineering Geology, 2014, 183: 1-13.

[107] Kim J M, Sitar N. Reliability approach to slope stability analysis with spatially correlated soil properties [J]. Soils and Foundations, 2013, 53 (1): 1-10.

[108] Li L, Wang Y, Cao Z, et al. Risk de-aggregation and system reliability analysis of slope stability using representative slip surfaces [J]. Computers and Geotechnics, 2013, 53: 95-105.

[109] Jiang S, Li D, Zhang L, et al. Slope reliability analysis considering spatially variable shear strength parameters using a non-intrusive stochastic finiteelement method [J]. Engineering Geology, 2014, 168: 120-128.

[110] 余国，谢谟文，郑正勤，等．基于GIS的边坡稳定性计算方法研究 [J]. 岩土力学，2019，40 (04)：1-9.

[111] 张海涛，罗先启，沈辉，等．基于矢量和的滑面应力抗滑稳定分析方法 [J]. 岩土力学，2018，39 (05)：1691-1698＋1708.

[112] 邓东平，李亮．基于滑动面应力假设下的三维边坡稳定性极限平衡法研究 [J]. 岩土力学，2017，38 (01)：189-196.

[113] 王冬勇，陈曦，吕彦楠，等．基于二阶锥规划理论的有限元强度折减法及应用 [J]. 岩土工程学报，2019，41 (03)：457-465.

[114] 王伟，陈国庆，朱静，等．考虑张拉-剪切渐进破坏的边坡强度折减法研究 [J]. 岩石力学与工程学报，2018，37 (09)：2064-2074.

[115] 尹小涛，薛海斌，汤华，等．边坡局部和整体稳定性评价方法的辩证统一 [J]. 岩土力学，2018，39 (S1)：98-104.

[116] 吕言新，李海波，刘亚群，等．岩质边坡抗震稳定性的能量方法研究 [J]. 岩石力学与工程学报，2015，34 (05)：876-883.

[117] 刘新荣，涂义亮，钟祖良，等．基于能量突变的强度折减法边坡失稳判据 [J]. 中南大学学报(自然科学版)，2016，47 (06)：2065-2072.

[118] 范刚，张建经，付晓，等．含软弱夹层顺层岩质边坡动力破坏模式的能量判识方法研究 [J]. 岩土工程学报，2016，38 (05)：959-966.

[119] 周子涵，陈忠辉，师姝瑶，等．基于能量原理的大孤山露天矿西井边坡开挖稳定性动态调控 [J]. 金属矿山，2020，(01)：130-140.

[120] 温树杰，罗惠，李铀，等．基于最小势能原理的三维边坡稳定性分析 [J]. 岩石力学与工程学报，2015，34 (S1)：3298-3305.

[121] 张旭．基于能量的露天矿边坡灾变时空演化与多模型综合评价 [D]. 北京：北京科技大学，2017.

[122] 张声辉，刘连生，钟清亮，等．露天边坡爆破地震波能量分布特征研究 [J]. 振动与冲击，

2019，38（07）：224-232.

[123] Kokusho T，IshizaWa T，et al. Energy approach to seismically induced slope failure and its application to case histories [J]. Engineering Geology，2014，181（1）：290-296.

[124] Stamatopoulos C A，Di B. Analytical and approximate expressions predicting post-failure landslide displacement using the multi-block model and energy methods [J]. Landslides，2015，12（6）：1-7.

[125] Liu X，Yiliang T U，Zhong Z，et al. Slope′s failure criterion based on energy catastrophe in shear strength reduction method [J]. Journal of Central South University，2016，47（6）：2065-2072.

[126] Wyllie D C，Mah C W. Rock slope engineering：Civil and mining [M]. UK：Spon Press，2006.

[127] 李长洪，蔡美峰，李军财．大型露天矿山边坡岩体结构与破坏模式分析 [J]. 中国矿业，2004（02）：50-53.

[128] 邓社根，沙荣华，曹旖旎．某矿山露采高边坡变形破坏模式分析 [J]. 世界有色金属，2018（14）：67-68.

[129] 洪儒宝，简文彬．露天矿边坡失稳破坏模式及其稳定性研究 [J]. 有色金属（矿山部分），2016，68（05）：72-77.

[130] 黄润秋．岩石高边坡稳定性工程地质分析 [M]. 北京：科学出版社，2012.

[131] Singh R，Umrao R K，Singh T N. Stability evaluation of road-cut slopes in the Lesser Himalaya of Uttarakhand，India：conventional and numerical approaches [J]. Bulletin Engineering Geology Environment，2014，73（3）：845-857.

[132] Gu D M，Huang D. A complex rock topple-rock slide failure of an anaclinal rock slope in the Wu Gorge，Yangtze River，China [J]. Engineering Geology，2016，208：165-180.

[133] Brideau M A，Pedrazzini A，Stead D，et al. Three-dimensional slope stability analysis of South Peak，Crowsnest Pass，Alberta，Canada [J]. Landslides，2011，8（2）：139-158.

[134] 许强．滑坡的变形破坏行为与内在机理 [J]. 工程地质学报，2012，20（02）：145-151.

[135] 唐然，邓韧，安世泽．北川县白什乡老街后山滑坡监测及失稳机制分析 [J]. 工程地质学报，2015，23（4）：760-768.

[136] 董建辉，魏良帅，唐然，等．木里县水洛乡东拉滑坡安全监测及变形破坏分析 [J]. 南水北调与水利科技，2015，13（3）：543-547.

[137] 苑谊，马霄汉，李庆岳，等．由树坪滑坡自动监测曲线分析滑坡诱因与预警判据 [J]. 水文地质工程地质，2015，42（5）：115-128.

[138] 王胜．高频滑坡边坡变形机理与破坏模式研究 [J]. 煤矿安全，2016，47（12）：46-52.

[139] 陶志刚，孟祥臻，马成荣，等．南芬露天采场楔形滑坡机理及滑动力监测预警分析 [J]. 煤炭学报，2017，42（12）：3149-3158.

[140] Jiao YY，Wang Z H，Wang X Z，et al. Stableility assessment of an ancient landslide crossed by two coal mine tunnels [J]. Engineering Geology，2013，159：36-44

[141] Yu Y，Wang E Z，Zhong J W，et al. Stability analysis of abutment slopes based on long-term monitoring and numerical simulation [J]. Engineering Geology，2014，183：159-169.

[142] Li Z, Wang J N, Li L, et al. A case study integrating numerical simulation and GB-InSAR monitoring to analyze flexural toppling of an anti-dip slope in Fushun open pit [J]. Engineering Geology, 2015, 197: 20-32.

[143] Hu X L, Zhang M, Sun M J, et al. Deformation characteristics and failure mode of the Zhujiadian landslide in the Three Gorges Reservoir, China [J]. Bulletin Engineering Geology Environment, 2015, 74 (7): 1-12.

[144] Nie L, Li Z, Zhang M, et al. Deformation characteristics and mechanism of the landslide in West Open-Pit Mine, Fushun, China [J]. Arabian Journal of Geoences, 2015, 8 (7): 4457-4468.

[145] Mohammad H G, Mahnaz F, Ali N. A large-scale landslide and related mechanism: A case study in the Qazvin-Rasht freeway, Iran [J]. Environment Earth Science, 2017, 76 (14): 478.

[146] Gu R, Ozbay L. Numerical investigation of unstable rock failure in underground mining condition [J]. Computers and Geotechnics, 2015, 63: 171-182.

[147] Vvazmenskv A, Stead D, Elmo D, et al. Numerical analysis of block caving-induced instability in large open pit slopes: a finite element/discrete element approach [J]. Rock Mechanics and Rock Engineering, 2010, 43 (1): 21-39.

[148] Hamdhan I N, Schweiger H. Finite element method-based analysis of an unsaturated soil slope subjected to rainfall infiltration [J]. International Journal of Geomechanics, 2013, 13 (5): 653-658.

[149] Zhang K, Cao P, Liu Z Y, et al. Simulation analysis on three-dimensional slope failure under different conditions [J]. Transactions of Nonferrous Metals Society of China, 2011, 21 (11): 2490-2502.

[150] 张社荣，谭尧升，王超，等．多层软弱夹层边坡岩体破坏机制与稳定性研究 [J]. 岩土力学，2014，35 (06)：1695-1702.

[151] 耿招．开挖诱发含顺倾软弱层的节理岩质边坡变形破坏模式研究 [D]. 北京：中国地质大学（北京），2019.

[152] 李泽，胡政，刘文连，等．考虑平动-转动力学效应的露天矿山节理岩质边坡塑性极限分析 [J]. 岩石力学与工程学报，2018 (S2)：4056-4068.

[153] 袁志辉，陈志新，倪万魁，等．倾倒式岩质崩塌运动过程数值模拟分析 [J]. 中国地质灾害与防治学报，2014，25 (02)：26-31.

[154] 高永涛，肖术，吴顺川，等．顺层岩质边坡变形破坏特征及稳定性数值模拟 [J]. 工程科学学报，2015，37 (11)：1403-1409.

[155] 刘红岩，秦四清．层状岩石边坡倾倒破坏过程的数值流形方法模拟 [J]. 水文地质工程地质，2006 (05)：22-25.

[156] 周月智．地震作用下崩滑体失稳破坏的 DDA 模拟研究 [D]. 北京：中国地质大学（北京），2020.

[157] 卞康，刘建，胡训健，等．含顺层断续节理岩质边坡地震作用下的破坏模式与动力响应研究 [J]. 岩土力学，2018，39 (08)：3029-3037.

[158] 岑夺丰，黄达，黄润秋．岩质边坡断续裂隙阶梯状滑移模式及稳定性计算［J］．岩土工程学报，2014，36（04）：695-706.

[159] 彭超．岩质边坡宏细观力学特性及开挖稳定性分析与控制研究［D］．北京：北京科技大学，2018.

[160] 刘佳，陈忠辉，姬东晓，等．露天矿高边坡破坏机理研究的强度折减法［J］．金属矿山，2018（09）：74-78.

[161] 李连崇，唐春安，邢军，等．节理岩质边坡变形破坏的 RFPA 模拟分析［J］．东北大学学报，2006（05）：559-562.

[162] 曹礼聪，张建经，刘飞成，等．含倾斜强风化带及局部边坡复杂场地的动力响应及破坏模式研究［J］．岩石力学与工程学报，2017，36（09）：2238-2250.

[163] 张春生，赖道平，吴关叶，等．强震作用下复杂边坡块体破坏模式和破坏特征研究［J］．岩土力学，2019，40（12）：4620-4626.

[164] 石盼．含软弱结构面顺层岩质边坡破坏机理模型试验研究［D］．北京：中国地质大学（北京），2017.

[165] 吴昊，赵维，年廷凯，等．反倾层状岩质边坡倾倒破坏的离心模型试验研究［J］．水利学报，2018，49（02）：223-231.

[166] 杨百祥．川藏铁路季节性粗颗粒冻土边坡破坏模式的模型试验研究［D］．成都：西南交通大学，2017.

[167] 巨能攀，邓天鑫，李龙起，等．强震作用下陡倾顺层斜坡倾倒变形机制离心振动台试验［J］．岩土力学，2019，40（01）：99-108+117.

[168] Song D Q，Chen J D，Cai J H. Deformation monitoring of rock slope with weak bedding structural plane subject to tunnel excavation［J］. Arabian Journal of Geosciences，2018，11（11）：251

[169] Zhou C B，Lu S W，Jiang N，et al. Rock mass deformation characteristics in high-steep slopes influenced by open-pit to underground mining［J］. Geotechnical and Geological Engineering，2016，34（3）：847-866.

[170] 黄润秋．岩石高边坡发育的动力过程及其稳定性控制［J］．岩石力学与工程学报，2008（08）：1525-1544.

[171] Kachanov M. A simple technique of stress analysis in elastic solids with many cracks［J］. International Journal of Fracture，1985，28（1）：11-19.

[172] 黎立云，许凤光，高峰，等．岩桥贯通机理的断裂力学分析［J］．岩石力学与工程学报，2005（23）：4328-4334.

[173] 中国航空研究院．应力强度因子手册［M］．北京：科学出版社，1981.

[174] 黄达，张晓景，顾东明．“三段式”岩石滑坡的锁固段破坏模式及演化机制［J］．岩土工程学报，2018，40（9）：1601-1609.

[175] 王来贵，习彦会，刘向峰，等．地震载荷作用下岩质边坡应力状态调整与破坏规律分析［J］．土木工程学报，2015，48（12）：109-115.

[176] Kemeny J M . A model for nonlinear rock deformation under compression due to subcritical crack

growth [J]. International Journal of Rock Mechanics and Mining Science, 1991, 28 (3): 459-467.
[177] 易顺民，朱珍德．裂隙岩体损伤力学导论 [M]. 北京：科学出版社，2005：40-45.
[178] 张风达，申宝宏，康永华．考虑卸荷作用的底板突水破坏机制研究 [J]. 岩土力学，2016，37 (02)：431-438.
[179] 李建林，哈秋舲．节理岩体拉剪断裂与强度研究 [J]. 岩石力学与工程学报，1998，17 (3)：259-266.
[180] 温韬．加卸荷条件下岩石破坏机理及应用 [D]. 武汉：中国地质大学，2018.
[181] 伍法权，王思敬，宋胜武，等．岩体力学中的统计方法与理论 [J]. 科学通报，1993，38 (15)：1345-1354.
[182] Zhang X P, Wong L N Y. Crack initiation, propagation and coalescence in rock-like material containing two flaws: A numerical study based on bonded-particle model approach [J]. Rock Mechanics and Rock Engineering, 2013, 46 (5): 1001-1021.
[183] 刘顺桂，刘海宁，王思敬，等．断续节理直剪试验与 PFC2D 数值模拟分析 [J]. 岩石力学与工程学报，2008，27 (9)：1828-1836.
[184] 王俊，孙书伟，陈冲．饱水黄土基底排土场地质力学模型试验研究 [J]. 煤炭学报，2014，39 (5)：861-867.
[185] 许强，张登项，郑光．锦屏Ⅰ级水电站左岸坝肩边坡施工期破坏模式及稳定性分析 [J]. 岩石力学与工程学报，2009，28 (6)：1183-1192.
[186] 郑达，王沁沅，毛峰，等．反倾层状岩质边坡深层倾倒变形关键致灾因子及成灾模式的离心试验研究 [J]. 岩石力学与工程学报，2019，38 (10)：1954-1963.
[187] 赵红泽，杜海瑞，苏海云，等．露天矿多煤层软岩复合边坡底摩擦试验研究 [J]. 煤炭学报，2018，43 (10)：2724-2731.
[188] 尹光志，李小双，李耀基．底摩擦模型模拟露天转地下开挖采空区影响下边坡变形破裂响应特征及其稳定性 [J]. 北京科技大学学报，2012，34 (3)：231-238
[189] 王玉凯，孙书伟，庞博，等．露天矿软弱基底排土场卸荷变形机制试验研究 [J]. 岩石力学与工程学报，2020，39 (02)：359-373.
[190] 加载岩体力学与卸荷岩体力学 [J]. 岩土工程学报，1998 (1)：114.
[191] 黄达，金华辉，黄润秋．拉剪应力状态下岩体裂隙扩展的断裂力学机制及物理模型试验 [J]. 岩土力学，2011，32 (04)：997-1002.
[192] 李春元，张勇，彭帅，等．深部开采底板岩体卸荷损伤的强扰动危险性分析 [J]. 岩土力学，2018，39 (11)：3957-3968.